AF474184

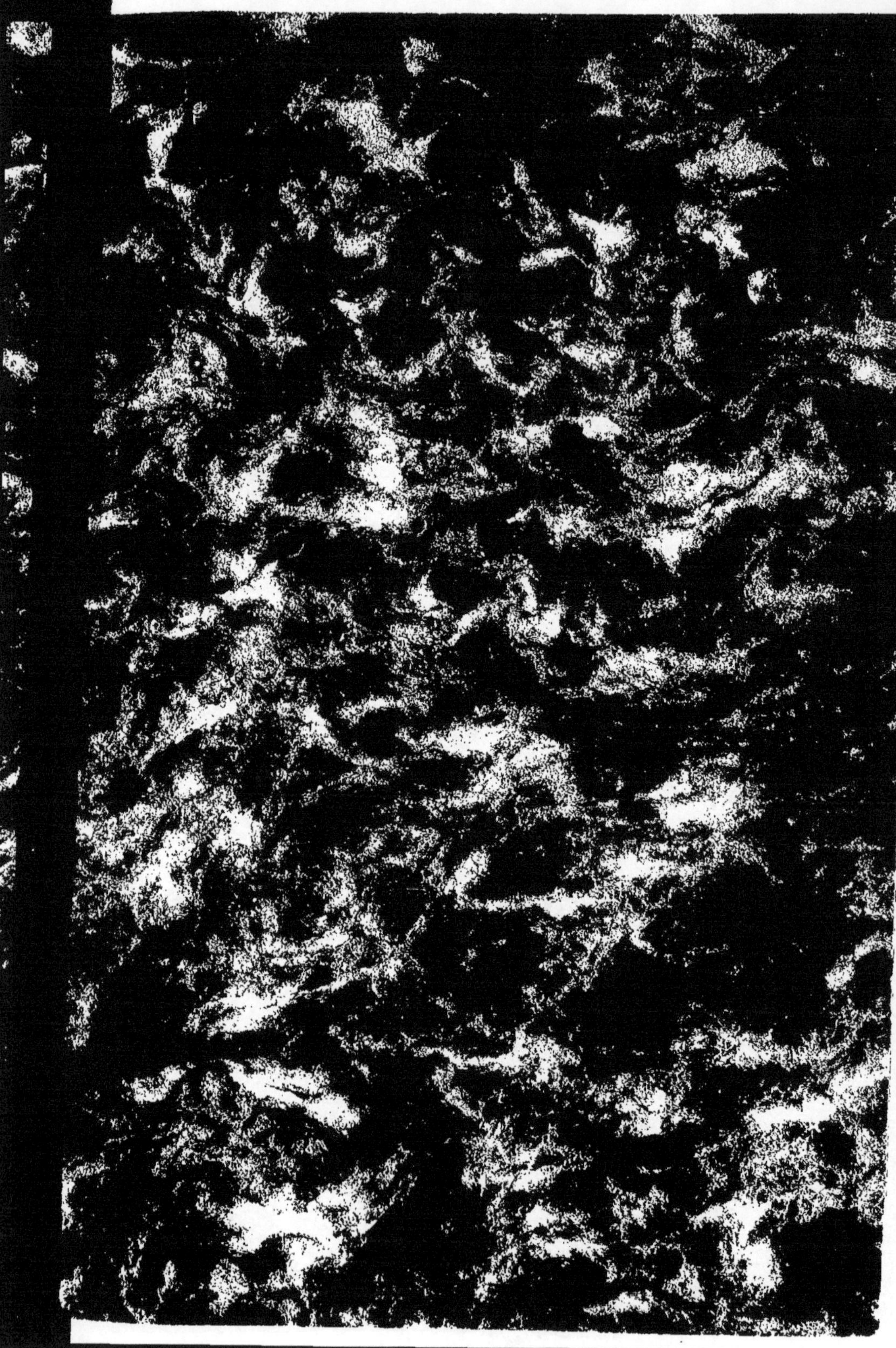

Société des Bibliophiles de Mons.

N.° 10 des Publications.

GUILLEBERT DE LANNOY.

Tiré à cent exemplaires destinés au commerce.

N.° Soixante

Le Président,

Le Secrétaire,

VOYAGES
ET AMBASSADES

DE

Messire GUILLEBERT DE LANNOY,

Chevalier de la Toison d'or,

Seigneur de Santes, Willerval, Tronchiennes, Beaumont et Wahégnies.

1399 - 1450.

MONS.

TYPOGRAPHIE D'EM. HOYOIS, LIBRAIRE.

M. D. CCC. XL.

Cet ouvrage a été publié

par les soins de M.r C.-P. Serrure,

et d'après un manuscrit de sa bibliothèque.

VOYAGES
ET AMBASSADES

DE

GUILLEBERT DE LANNOY.

1399 — 1450.

GUILLEBERT DE LANNOY.

VOYAGES ET AMBASSADES.

1399 — 1450.

Cy commencent les voyaiges que fist Messire Guillebert de Lannoy, en son temps Seigneur de Sanctes, de Willerval, de Tronchiennes et de Wahégnies.

L'AN mil trois cens quatrevins et dix neuf, après 1399
la Toussains, fus en ma première armée, avecq monseigneur le comte Walleram de Saint-Pol, à une descendue qu'il fist en Angleterre, en l'isle de Wit, où il y eut cincq cens chevalliers, que escuiers, cottes d'armes vestues.

Item, l'esté ensieuvant, fus en une armée que fist le vieil seigneur de Jeumont contre le seigneur de Lort, de nous trois cens chevalliers et escuiers qui le servismes à cause de lignaige, et nous mena jusques au chastel de Watigny où nous presentasmes la bataille audit seigneur de Lort, etc.

1400 L'an mil quatre cens, après la Toussains, fus en une armée de mille chevalliers et escuiers, que mena monseigneur le comte de la Marche, depuis roy de Napples, partant de Harfleu pour descendre en Angleterre, et fut la descente à Falmude, où les feux furent boutez; et au retour de l'armée fut nostre nef perie vers Saint-Malo en Bretaigne, noz valles, bagues, harnois noiez et péris; et les gentilzhommes, par la grâce de Dieu, sauvez en deux botequins estans dedans nostre dite nef.

1401 L'an mille quatre cens et ung, ou mois d'apvril, après ceste armée, me party en la compagnie de monseigneur le sénéchal, pour faire le saint voyaige de Jhérusalem, ou quel nous demourasmes deux ans. Montasmes en mer à Gennes, alasmes le chemin accoustumé d'aler aux pelérins, et, la merchy Dieu, fusmes en Jhérusalem et là autour, en tous les sains lieux que pelérins ont accoustumé de faire. Fusmes aussy à Sainte-Katherine et depuis en Constantinoble, devers l'empereur où nous veismes de saintes relicques beaucop; entre les autres le fer de la lance Nostre-Seigneur. Fusmes aussy en la Turquie en plusieurs lieux comme Gallipoly, Lisemiere, Feule la vielle, Porspic, etc. Fusmes aussy en Cyppre devers le roy en sa ville de Nichosye. Fusmes aussy au Kaire et en Babilonne où nous veismes le patriarche d'Inde. Fusmes aussy à Damiette, à Gadres, en Acterie, à Rames, à Bétisel. Fusmes aussy ès isles de Roddes, de Lango, de Syenne, de Thénédon, de Marbre, de Montecrist, dont Helaine, comme on dist, fust née. Fusmes aussy ès isles de Gore et de Cyflonie; et fusmes aussy à l'aler et au revenir au royaume et isle de Secile dit Ternacle devers le roy Martin, lequel me donna son ordre de la banière en sa ville de Cataigne. Et de là partismes et venismes descendre en la terre de Prouvence et de là alames devers mon seigneur de Savoye et pareillement à l'aler, etc.

L'an mille quatre cens et quatre fus en la première armée 1404
que fist le duc Guillaume de Bavière, comte de Haynnaut, en l'éveschié de Liége, ou quel voyaiges furent prinses les deux villes de Fosses et de Florines d'assault, auquel je fus blechiet en ung piet et en ung bras et ramené avecq monseigneur de Comines, aussi blechiet, en une charette à Nyvelle, en Brabant; et y eut de ceste armée de six à sept cens villaiges brulez ou dit païs de Liége.

Item, en celle propre année, environ trois mois après, fus au mois d'aoust en la grosse bataille de Liége, en la compaignie de monseigneur le duc Jehan de Bourgongne, lequel par la grâce de Dieu eut victoire; et furent les Liégeois desconfis, où il y eut bien de vingt et huit à trente mille hommes mors : entre lesquels y demoura leur capitaine le seigneur de Prevés et son filz aussy.

1405 L'an mille quatre cens et cincq ou mois de may me party, avecque mon seigneur le sénéchal de Haynnaut, pour aler veoir les armes que luy, messires Jacques de Montenay, Taneguy du Chastel et Carmenier firent à Valence la grant, devant le roy Martin d'Arragon, contre quatre autres gentilhommes arragonnois et gascons, telz que messire Pierre de Moncade, Colombart de Saint-Coulombe et deux autres. Et estoient lesdictes armes à estre portez jus de tout le corps, ou avoir perdu tous ses bastons. Lesquelles armes furent prinsses sus en combatant à l'onneur d'une partie et de l'autre.

Item, ou mois de Juillet ensieuvant, me party de mon seigneur le sénéchal de Haynnaut, ensamble Jacques seigneur de Marquette, et alasmes en une armée que fist l'infant don Ferrant de Castille pour et au nom du roi d'Espaigne, dont il estoit gouverneur et régent, pour aler ou royaume de Grenade contre les Mores. En laquelle armée estoit de la puissance d'Espaigne ou nombre de deux cens mille hommes, que de pié, que de cheval; et me mis soubz le comte de la Marche, qui puis fust roy de Naples, et ne trouva ladicte armée point de résistence à entrer ou dit païs de Grenade, mais y eut prins plusieurs villes et chasteaux sans siège, telz comme Aza, Hora, Cagnette, Andiche, le tour de l'Alkakime, Moncourt, et fut le siège mis devant Satanil lequel dura trois sepmaines, et ne fut ladite ville point prinse. Et lors je prins congié de l'infant de Castille, ou rompement de l'armée, lequel donna à mon compagnon et à moy à chascun ung cheval et une mule.

Item, au départir de ladicte arméealay devers le roy de Portugal, lequel me recueilla grandement et paya tous mes despens parmy son royaume.

Item, de là m'en alay à Saint-Jacques et revins par Navarre, où je trouvai le roy mallade au lit. De là m'en revins par Arragon devers le roy Martin et la royne Yolent sa femme; et de là en France devers le roy à Paris, où me trouvay à oïr la proposition que fist maistre Jehan Petit, en l'ostel de Saint-Pol, pour monseigneur le duc Jehan de Bourgongne contre les fais du duc d'Orléans, où estoient en personne le roy de France, le roy Loys, roy de Navarre, monseigneur le duc Jehan de Bourgongne, les ducs de Bavière, de Bourbon, de Bar et de Lorhaine.

L'an mille quatre cens et huit, en apvril, me party pour 1408
aler à la seconde armée que fist l'inffant don Ferrant de Castille et entray en mer à l'Escluse avecq la flotte d'Espaigne, lesquelz estoient en nombre vingt et sept voelles. Et fut ladicte flotte presque toute périe par fortune de mer, les ungs rompus par fortune en la coste de Bretaigne, les autres se rendirent prisonniers ès pors d'Angleterre, excepté une petite nef de Florentins surquoy j'estoye, laquelle fut allanchié au courant qui est entre le port de Hantonne et l'isle de Wicq, par l'espace de quinse jours. Et lors vindrent deux gros vaisseaux de Anglés armez pour nous prendre, mais par la grâce de Dieu, le vent se retourna bon, tout à souhait, par quoy nous eschapasmes d'eulz; vinsmes à sauveté

au port de Harfleu : et meisimes six sepmaines, depuis l'Escluse jusques audit port de Harfleu, et là descendy, montay sur la rivière de Saine où je alay jusques à Paris, et là achetay des chevaux et m'en alay par terre jusques à Sébile la grant, devers l'infant don Ferrant, lequel, accompaigné du povoir de Castille et d'Espaigne, ou nombre de trois cens mille hommes, que de pié, que de cheval, entra ou royaume de Grenade, où il fut de six à sept mois et y print la ville d'Anticaire de siège, lequel siège dura six mois. Et fut la dicte ville assaillie deux fois, et au deuxième assault elle fut prise à l'ayde de certains gros engins de bois fait de gros marrien, telz comme une merveilleuse échielle où il y avait cent hommes d'armes dessus, et deux autres engiens dont sailloient par longs mastz en amont caiges plains d'arebalestriers, pour lesquelz engiens bouter avant falloit à chascun mille hommes de pié.

Item, durant le dist siège d'Anticaire vindrent les Mores, c'est à sçavoir les deux oncles du roy de Grenade, à bataille frapper sur l'avant-garde de l'ost d'Espaigne, ou nombre de vingt et cincq à trente mille Sarrasins, lesquelz furent desconfis; et en y eut de mors de huit à neuf mille, que en la place, que en la chasse, et toutes leurs despouilles prinses avecq leurs tentes et pavillons.

Item, depuis y eut ung autre moult grant assault devant la ville d'Archidonne, où je fus forment navré d'une pierre de fais qui me chut dessus le pié. Et ne fust pas ladicte ville prinse de cestui assault.

Item, y eult une autre course de cincq cens hommes d'armes et cincq cens hommes de piet par ung capitaine d'Espaigne faitte devant la ville de Ronde, où les Sarrasins firent une saillie en laquelle ils furent desconfis, et en y eut que mors, que prins, ou nombre de mille. Et y fus navré de deux dardes à une escarmuche devant la porte, et mon cheval occis de deux dardes, et ung autre mien cheval soubz l'un de mes gens pareillement occis.

Item, encores durant ce dit siège de Anticaire le grant-maistre de Saint-Jacque fist une course et emprinse devant Malicque du nombre de neuf mille hommes, et sartèrent les vignes es jardins, puis boutèrent les feux là entour. Alors saillirent les Mores de la ville et du pays en bataille contre les christiens, lesquelz furent desconfis et en y eut de mors, que en la place, que en la chasse, de six à huit mille.

Item, au retour de cette armée, l'infant revenu à Sibile me donna ung coursier et une mule et me fist payer les deux chevaux qui me furent tuez devant Ronde; et ung autre capitaine me donna deux autres chevaulz.

Item, ceste guerre finie et trèves faittes entre le roy de Grenade et le roy de Castille, je m'en alay par l'ayde de l'infant par sauf-conduit devers le roy en sa ville de Grenade, où je fus neuf jours à veoir son estat et son estre, sa ville, son pallais, ses maisons et ses gardins de plaisance et aussy des autres princes là autour, qui sont choses belles et merveilleuses à veoir.

Item, passames et rapassames par la ville de Alcala, qui est au roy de Castille et en la frontière de Grenade et puis revenismes à Sébile, de là en Arragon, et puis en France. Et demouray au dit voyaige onze mois.

1409 L'an mille quatre cens et neuf, ou mois de may, fus retenus à Paris eschasson de monseigneur le duc Jehan de Bourgogne, puis je me party de là, avecq plusieurs gentilzhommes de mon dit seigneur le duc, à une journée de bataille qui se disait estre à certain jour nommé, sur la reddicion du chastel de Tisel assiégé par monseigneur de Helly et monseigneur de Pertenay, mareschaulz lors de par le roy, lesquelz se trouvèrent puissans à icelui jour de mille hommes d'armes et deux mille hommes de trait. Auquel jour ne vindrent point les adversaires nommez pour lors Armignas et se rendy le dit chastel sans cop férir; et toute celle saison demouray avecq monseigneur de Santes, mon frère, en la compaignie de monseigneur de Helly et de monseigneur de Pertenay, mareschaulz, lesquelz gaignèrent ou dit pays de Guienne, de Poitou et de Limosin pluisieurs villes et chasteaux, aucuns par siège, les autres d'assault et les autres par subtillité de guerre. Et tant furent qu'ilz mirent tout Poitou et Lymosin en l'obéissance du roy.

L'an mille quatre cens et dix le roy manda monseigneur 1410
de Helly et sa puissance qu'il revenist de Guienne audevant de luy pour le servir et mettre le siège devant Bourges. Lequel seigneur de Helly le fist et partist de Guienne, luy six cents hommes d'armes et cinq cens hommes de trait, s'envint parmy Berry logeant et fourraigeant tant que au partir du Bourg-de-Dieu, au premier logis que nous fesimes en la ville et chasteau de Limeux, vindrent par ung matin bien mille hommes d'armes eulx partans de la ville de Bourges et grosses gens d'armes de trait, lesquelz nous combatirent à noz logis, gaignèrent nos barrières et nous reboutèrent très-hideusement et très-crueusement, puis prindrent les dites gens d'armes tous noz chevaulz au nombre de quinze cens, et y eult plusieurs de noz gens mors, que prins; mais le dit seigneur de Helly et la plus grant part de la chevalerie nous retraismes au chastel; ou quel ils firent semblant d'assaillir, mais n'y firent riens fors bouter le feu en la ville, et emmenèrent leur proye, et là fus je navré en la cuisse parmy le harnas d'un vireton, dont j'en portay la mouche en la cuisse plus de neuf mois. Et après ce que nous eusmes recouvré de chevaulz jusques au nombre de deux à trois cens par une emprinse que firent noz gens par nuit à Estaudun, où estoit leur proye, monseigneur de Helly et ses gens venismes devers le roy au siège de Bourges.

L'an mille quatre cens et douse, ou mois de mars, me party 1412
de l'Escluse pour aler en Prusse contre les mescréans en une armée que faisoient les seigneurs de Prusse contre les

mescréanz, et montay sur mer en une hulcque, passay par devant les isles de Hollande et de Zeélande et par devant Frise, la haute et la basse, et pardevant Gusteland et arrivay en Danemarche en ung villaige appellé Zuutland, où il y a une ville nommée l'Escaigne; et y a cent lieues de l'Escluse.

Item, de l'Escaigne passay à main sinistre devant le pays de Norwèghe et puis entray dedans le Sonet, qui syet entre les isles de Dennemarche et entre le royaume de Zuède, et appelle on celle mer la mer de Scoene, où on pesche le herencq, et arrivay ou royaume de Dennemarche, à ung port et ville appellée Elsengueule. Et est la mer en celui endroit la plus estroitte qui soit ou dit Zont et à l'autre lez du dit port Zoent, à une lieue de mer ou païs de Scoene, y a ung chastel moult bel appelle Helsembourg, tout du royaume de Dennemarche.

Item, de là passay pardevant plusieurs villes où les marchans et maronniers gisent qui peschent le poisson comme herencq, sy comme Scoene, Vaeltrenone, Dracul et Eleboughe, et puis passay pardevant l'isle de Weden, qui est de Danemarche, et pardevant l'isle de Broucholem qui est aussy de la seignourie de Danemarche; et puis passay à main dextre par devant le païs de Lubeke et de Mezonde et devant tout le païs et duché de Pomer, qui appartient au roy de Danemarche, et puis arrivay en la terre et païs des seigneurs de Prusse, à ung port et ville fermée nommée Danzike, parmy laquelle ville passay la rivière de le Wissel, qui va cheoir en la mer et appelle on proprement le port de le Wissel, après le nom de ladite rivière.

Item, appartient ledit païs de Prusse aux seigneurs des blans manteaulx, de l'ordre Nostre-Dame, et ont ung hault-maistre qui est leur seigneur, et fut anciennement le dit païs concquis à l'espée contre les mescréans de Létau et de Samiette.

Item, de Danzique m'en alay sur charioz devers le dit hault-maistre que je trouvay à Mariembourg, qui est ville et chastel très-fort, ouquel gist le trésor, la force et tout le retrait de tout les seigneurs de Prusse. Et est ledit chastel tousjours pourveu de tous vivres pour soustenir mille personnes dix ans de long, ou pour dix mille ung an.

Item, y a sept lieues de Dansique à Mariembourg, et puis retournay de Mariembourg à Danzique et remontay sur la mer en une hulque, environ la fin de may pour m'en aler visiter le roy de Danemarche et passer temps, pour ce que la *rese* de Prusse n'estoit point preste, et passay à main senestre de rechief devant ledit païs de Pomer, de Lubeque et de Mesonde, et à main dextre par devant ladite isle de Broucsolem et arrivay en la mer de Scoene ou dessus du Sont, à une isle de Danemarche nommée Zeéland, au-dessus du village et port de Elzmorule, et là montay sur charioz et alay parmy le païs de Danemarche le chemin qui s'ensieut, de Elzmorule ou Elzengueule, port et villaige, à cincq lieues jusques à Roschilt qui est grosse ville et évêchié, la tierce ville de Danemarche.

Item, et de là à Rainstede, bonne ville quatre lieues de

là, et de là à Nastewede, bonne ville à cincq lieues de là, puis à Werdinghebourg qui est ville fermée et chastel à six lieues de là, en la quelle ville de Werdinghebourg trouvay le roy de Danemarche accompaigné de quatre ducs, telz comme le duc de Pomere, le duc de Wotilgast et les deux frères de Zasseme, ensamble deux archevesques et trois évesques, et par ung jour de la Penthecouste me fist seoir à sa table au disner et me présenta son ordre, puis me donna au partir ung drap de soye, mais le plus honnestement que je peulz je renonchay à son ordre pour ce qu'il estoit lors ennemy des seigneurs de Prusse, où je aloye en leur armée que on appelloit pour lors *reises*.

Item, au retour de Werdinghebourg pour m'en retourner en Prusse, m'en revins par le chemin dessus dit à ung port de mer nommé Cokene, qui siet à quatre lieues de Roschilt, et de là, par une nuit Saint-Jehan, m'en allay à ung marchié de chevaulz qui estoit à Ritristede, où je achetay quatre chevaulz, lesquelz je mis en mer, dessus ung bateau au dit port de Cokene et les ramenay au dessus dit port de Danzique en Prusse.

Item, de Danzique m'en ralay devers le grant-maistre à Mariembourg sur le Wissele et de Mariembourg à Melumghe, où il y a quatre lieues, et depuis avecq le dit grant-maistre, qui bonne chière me faisoit, m'en alay avecq luy esbatre en plusieurs de ses villes, cours et chasteaulx de leurs seigneuries, et revins à Melumghe, qui est très-belle petite ville et commanderie assise sur deux rivières.

Item, de Melumghe m'en alant véant païs, alay passer par les villes de Kinseberg, Wauwembourg et Brandembourg puis vins à Keuninczeberghe qui est grosse ville assise sur une rivière et y a deux fermetez et ung chastel et appartient au mareschal de Prusse, et voit on en celle ville les armes, le lieu et la table d'honneur du temps des *reises* de Prussy; sy a de Melumghe à Keuninczeberghe dix sept lieues.

Item, de Keuninczeberghe retournay à Danzique, et en iceluy temps vindrent nouvelles que les seigneurs de Prusse feroient *rese* sur l'esté, sur le roy de Poulane et sur le duc de Pomere qui favorisoient les Sarrasins. Sy me party dudit lieu de Danzique avecq lesditz seigneurs qui avoient assamblé d'un costé quinze mille chevaulz et de l'autre costé six mille chevaulz, sans les gens de pié, dont il y avoit grant nombre. Et m'en alay avecq eulz en armes parmy les forestz de Prusse de huit tours, costiants les frontières de Poulane et entrèrent à puissance en la duché de Pomere où ilz furent quatre jours et quatre nuitz, où ilz ardirent bien cincquante villes à clocquiers et prindrent proye de bestial grant nombre.

Item, vindrent depuis devant une ville fermée nommée Polleur, assise en la Masoeu, la quelle fut assaillie moult vaillamment et par force d'armes prindrent de trois portes les deux; mais ceulz de la ville se deffendirent sy vaillamment qu'il y eut moult de gens mors et navrés et que finalement il convint à noz gens eulz retraire, sans prendre la ville. Auquel assault me fut donné l'ordre de chevallerie par la main d'un noble chevallier nommé le Ruffe de Palleu, et eus illecq le bras perchié d'un vireton très-durement.

Item, vindrent par devant une autre ville fermée faire aucunes escarmuches et de là sans plus faire s'en retournèrent en Prusse et moy m'en revins à Danzique. Sy dura la ladite *reise* seise jours, et tantost après le retour d'icelle fut le hault-maistre, qui par maladie estoit demouré à Mariembourg, prins prisonnier par le mareschal et autres commandeurs ses hayneurs. Sy fut degradé et deposé de son estat pour aucunes deffautes qu'ilz luy imposoient et fut mis en une forte tour où il fut grant temps plain d'impacience, mais depuis, ung peu après ce, se rafferma et luy fut rendue une petite commanderie, puis fut mis hors de prison, mais finablement il mourut de doel et d'anoy.

Item, assez tost après me partis de Dansicque en Prusse pour m'en aller ou païs de Liufflant, pour estre dans la *reise* d'yver. Sy m'en alay à Keuninczeberghe, où il a trente-trois lieues, et de là alé Memmelle qui est commanderie assise sur la rivière de le Memmelle, qui est molt grosse, et y a ung chastel qui est le derrain chastel de Prusse vers les frontières de Sammette et costie on la mer à main senestre en cheminant de Keuninczeberghe et à la main dextre une autre grosse rivière et nomme l'on ce chemin le Strang, et y a de Keuninczeberghe jusques à le Memmelle dix-huit lieues.

Item, quant on a passé oultre ledit Strang on entre ou

païs de Sammette, mais on treuve bien douse lieues de desertes solitudes, sans trouver quelque trace de humaine habitacion, tousjours costyant la mer à main dextre; et est nommé ce dit desert le strang de Létaoeu nonobstant ce que c'est du païs de Sammette, et passay parmy le païs de Correlant, qui appartient aux seigneurs de Liuflant, lesquels sont subgects aux seigneurs de Prusse, et vins à une ville nommée le Live, assise sur une rivière nommée le Live, laquelle départ le païs de Correlant et de Sammette. Et y a douse lieues de ladite Memmelle jusques à ledicte Live.

Item, de le Live, en Correlant, m'en allay à Righe, en Liuflant, par plusieurs villes, chasteaux et commanderies, aussy appartenans aux seigneurs de Liuflant. Et premier par Gurbin qui est chastel, puis par Guldinghe qui est ville fermée, par Cando chastel, et autres villes et chasteaux ou païs de Correland et de Sammette, appartenans aux seigneurs de Liuflant, et par plusieurs villaiges des Zamegaelz, des Corres et des Lives, lesquelz ont chascun ung langaige à par eulz, et passay à deux lieues prés de Righe une grosse rivière appellée Tzamegaelzara, et arrivé à Righe, qui est port, chastel et ville fermée et la ville capital du païs, et où le maistre de Liuflant fait sa résidence, et y a de Live en Correlant jusque à là cinquante lieues.

Item, ont lesdis Corres, jà soit ce qu'ilz soient Crestiens natifz par force, une secte que après leur mort ils se font ardoir en lieu de sépulture, vestus et aournez chascun de leurs meilleurs aournemens, en ung leur plus prochain bois

3

ou forest qu'ilz ont, en feu fait de purain bois de quesne; et croyent se la fumière va droit ou ciel que l'âme est sauvée, mais s'elle va soufflant de costé que l'âme est périe.

Item, à Righe trouvay le maistre de Liufflant, seigneur de Correland, lequel est soubz le maistre de Prusse et n'y trouvay point de *reise*; sy entreprins par le moyen dudit maistre, de m'en aller en la grant Noegarde en Russye, et m'en allay devers le land-mareschal qui estoit à une ville à sept lieues, près d'une ville que l'on nomme Zeghevalde, et là en avant je m'en allay toujours par le païs de Liufflant de ville à autre, parmy les chasteaux, cours et commanderies dudit maistre de l'ordre et passay à une grosse ville fermée nommée Winde, qui est commanderie et chastel, et à Wel=demaer aussy, qui est ville fermée et commanderie, et à Wisten qui est commanderie et villaige, et de là à une ville fermée et commanderie et chastel située sur la frontière de Russie nommée le Narowe, parmy laquelle prend son cours la rivière nommée Narowe, qui est grosse rivière, et de laquelle la ville prend son nom. Et départ icelle rivière en ce lieu là les pais de Liuflant et de la Russie appartenant aux seigneurs de la grande Noegarde, et y a de Righe jusques à la Narowe quatre vins mille de long; s'y treuve on en ce chemin les gens de quatre manières de langaiges, c'est à sçavoir, les Lives, les Tzamegaelz, les Loches et les Eestes. Et costie-on à main senestre entre Wisteen et le Narowe la mer de Liuflant et de Russie, desquelz dits païs on voit d'une veue, quant on vient sur la mer devers la dite Narowe, la cité.

Item, de là passay oultre la rivière de le Narowe et entray ou païs de Russie et illecque montay sur *sledes* pour les grant nesges et froidures qu'il faisoit, et y a là ung chasteau de Russie nommée Nyeuslot, qui sied à six lieues de la Narowe. Et de Nyeuslot alay tousjours parmy le païs de Russie et passay par aucuns villaiges et chasteaux assis en defers païs, plains de forests, de lacs et de rivières, puis arrivay en la cité de la grant Noegarde, et y a dudit chasteau de Nyeuslot jusques à le grant Noegarde vingt et quatre lieues de long.

Item, est la ville de la grant Noegarde merveilleusement grant ville, située en une belle plaine avironnée de grans forests et est en baz païs parfont de eaues et de places maresqueuses et passe par le milieu de ladicte ville une très-grosse rivière, nommée Wolosco; mais est la ville fermée de meschans murs, fais de cloyes et de terre, combienque les tours sont de pierre, et est une ville franche et seignourie de commune, s'y ont ung évesque, qui est comme leur souverain. Et tiennent aussi tous les autres Russes de la Russie, qui est moult grande, la loy crestienne en leur créance, sy comme les Grecs. Et ont ung chastel assis sur ladicte rivière où la maistre-esglise de Sainte-Sophie qu'ils aourent, est fondée, et là demeure leur dit évesque.

Item, y a dedans ladicte ville molt grans seigneurs qu'ilz appellent *Bayares*. Et y a tel bourgeois qui tient bien de terre deux cens lieues de long, riches et puissans à merveilles; et n'ont les Russes de la grant Russie autres seigneurs que iceulx par tour, ainsy que le commun veult. Et est leur monnoye de keucelles d'argent, pesans environ six onces, sans empraint, car point ne forgent de monnoye d'or, et est leur menue monnoye de testes de gris et de martres. Sy ont en leur ville ung marchié où ils vendent et achatent leurs femmes, eulz de leur loy, (mais nous les francs crestiens ne l'oserions faire sur la vie), et achatent leurs femmes l'une pour l'autre pour une keucelle d'argent ou deux, ainsy comme ilz sont d'acord que l'un donne de saulté à l'autre. Et ont deux officiers, ung duc et ung bourchgrave qui sont gouverneurs de ladicte ville, lesquelz gouverneurs sont renouvellez d'an en an. Et illecque alay devers ledit évesque et lesdits seigneurs.

Item, ont les dames deux trèches de leurs cheveulz pendans derrière leurs dos et les hommes une trèche. Sy fus neuf jours en ladite ville et me envoyoit ledit évesque chascun jour bien trente hommes chargiez de pain, de chars, de poisson, de fain, de chivade, de cervoises et de miel; et me donnèrent les dessus ditz ducs et bourgraves ung disner le plus estrange et le plus merveilleux que je veis oncques. Et fist cest yver sy froit, que chose merveilleuse seroit à racompter les froidures qu'il y faisoit, car il me failly partir pour le froit.

Item, une merveille de froit y avoit que, quant on chevauchoit par les forests on y oyoit crocquier les arbres et fendre de hault en bas de froit. Et y véoit-on les crottes de la fiente des chevaulz qui estoient sur la terre engellées saillir contre mont de froit, et quant on dormoit de nuit ou dit desert, on y trouvoit au matin sa barbe et ses sourcieux et paupières engelées de l'aleine de l'omme et plaines de glachons, sy ques au resveillier à paines povoit on ouvrir ses yeulz.

Item, une autre merveille de froit y vey de long, ung pot de terre plain d'eau et de char mis au feu par ung matin sur ung lacq ou désert, que je veis l'eaue boullir à l'un des lez du pot et engeler à glace à l'autre lez.

Item, ung autre merveille y vey de froit, de deux tasses d'argent pesans trois mars de Troye dont j'avoye puisié eaue de nuit en ung lacq dessoubz la glace pour boire, en maniant icelles à mes mains chauldes estre engelées à mes dois et tantost icelles widiés mis l'une en l'autre estre engelées enssamble tellement qu'en prenant l'une sourdre les deux par force de gelée.

Item, on ne vend riens en yver au marchié de la grant Noegarde de vitaille, soit poisson, soit char de pourceau, ou de mouton, ne volille nulle, que tout ne soit mort et engelé; et y sont en tout le païs les lièvres tous blancs en yver et tous gris en esté.

Item, sont tous les seigneurs de laditte grant Noegarde puissans de quarante mille chevaulz et de poeuple de piet sans nombre, et font souvent guerre à leurs voisins, par espécial aux seigneurs de Liuflant et ont gaigniée pour le temps passé pluisieurs grans batailles.

Item, partant de ladicte grand Noegarde pour veoir monde m'en alay sur *sledes*, en guise de marchant, en une grosse ville fermée du royaume et seigneurie de Russie, nommée Plesco. Et y a trente lieues d'Allemagne à passer par grans forests de ladicte Noegarde jusques à Plesco.

Item, est Plesco moult bien fermée de murs de pierres et de tours et y a ung chasteau moult grant, ou nul francq crestien ne peut entrer qu'il ne lui faille morir. Et siet ladicte ville en escut sur deux grosses rivières, c'est à sçavoir le Moede et Plesco, et est seigneurie à par luy dessoubz le roy de Moeusco, et avoient, ou temps que je fus là, exillé et enchassié leur roy que je vey en la grant Noegarde. Et ont les Russes d'icelle ville leurs cheveulz longs espars sur leurs espaulles, et les femmes ont ung ront déadême derrière leur testes commes les sains.

Item, de Plesco me partis pour m'en retourner en Liuflant et montay à tout mes *sledes* sur le rivière de la Moeude. Et de le Moeude vins sur les glaces d'un moult grant lacq nommé le lacq de Pebées, lequel s'estent en longueur de trente lieues, et en largeur vingt et huit lieues, ouquel lacq sont plusieurs isles, les aucunes habitées et les autres non; et fus cheminant sur ledit lacq sans trouver ville ne maison quatre jours et quatre nuitz et arrivay en Liuflant en une moult belle petite ville nommée Drapt, qui siet à vingt et quatre lieues de Plesco.

Item, est la ville de Drapt très-belle ville et bien

fermée et y a ung chasteau assis sur trois rivières, et est ung éveschié à part luy, non appartenant aux seigneurs de Liuflant.

Item, de là remontay parmy le païs de Liuflant à à Zeghewalde devers le lant-mareschal pour avoir sauf=conduit, et passay par Winde et par Wildemar qui sont villes fermées, et par pluisieurs villaiges desquelz je ne fay point de mencion; et y a de Drapt à Zeghewalde cinquante lieues.

Item, de Zeghewalde me party pour m'en aler veoir le royaume de Létau devers le duc Witholt, roy de Létau et de Samette et de Russie, et m'en alay tousjours sur mes *sledes* en une ville fermée et chastel en Liuflant nommée Cocquenhouse qui est à l'évesque de Righe, et y a quinse lieues jusques là.

Item, de Cocquenhouse montay sur la rivière de le Live à tout mes *sledes* et vins à ung chastel des seigneurs de Liuflant nommée Dimmebourg, qui est en ce lieu là le derrenier chastel qu'ilz ont sur la frontière de Létau, et y peut avoir de Cocquenhouse environ quinse lieues.

Item, partant de Dimmebourg en Liuflant entray ou royaume de Létau en une grosse forest deserte, et cheminay deux jours et deux nuitz sans trouver nulle habitation par dessus sept ou huit grans lacs engellez, sy arrivay en l'une des cours dudit Witholt nommée la Court-le-roy, et y a de Dimmebourg en Liuflant jusques là quinse lieues.

Item, de la Court-le-roy passay parmy pluisieurs villaiges, grancs lacz et forestes, puis vins à la souveraine ville de Létau nommée le Wilne, en laquelle a ung chastel situé moult hault sur une savelonneuse montaigne fermée de pierres et de terre et le masonnaige de dedens est tout édifié de bois. Et s'envient la fermeté dudit chasteau du hault de la montaigne à deux lez fermée de murs jusques en bas, en laquelle fermeté sont encloses pluisieurs maisons; et ou dit chastel et fermeté se tient coustumièrement ledit duc Witholt, prince de Létau, et y tient sa court et sa demeure; et court de emprès ledit chastel une rivière qui tire et maine son cours et ses eaues parmy la ville d'embas; laquelle rivière se nomme le Wilne. Et n'est point la ville fermée, mais est longue et estroitte de hault en bas, très-mal amaisonnée de maisons de bois, et y a aucunes esglises de bricques, et n'est ledit chastel sur la montaigne fermé que de bois par bolvercques fais à manière de murs.

Item, y a de la Court-le-roy jusque à la ville de Wilne douse lieues; et sont les gens dudit royaume chrestiens nez nouvellement par la constrainte des seigneurs de l'ordre de Prusse et de Liuflant; et ont es bonnes villes esglises fondées et aussy par les villaiges en font fonder de jour en jour, et y a où dit pays de Létau douse évesques. Et ont ung langaige à part eux; et ont les hommes leurs cheveulz longs et espars sur leurs espaules, mais les femmes sont ornées simplement aucques à la coustume de Picardie.

Item, est Létau païs désert à la pluspart plain de lacz et grans forests, et trouvay en ladicte ville de Wilne deux des seurs de la femme dudit duc Witholt, sy alay devers elles.

Item, au départir de le Wilne pour m'en retourner en Prusse m'en alay parmy le royaume de Létau, le chemin qui s'ensieut, premier à une très-grosse ville en Létau, nommée Trancquenne, mallement maisonnée de maisons toutes de bois, et non point fermée, et y a deux chasteaulz dont l'un est moult viel fait tout de bois et de cloyes de terre placquées. Et est ce vieil chastel assis sur ung costé d'un lacq, mais d'autre part siet en plaine terre, et l'autre chastel est en la moyenne d'un autre lacq, au trait d'un canon près du viel chastel, lequel est tout neuf fait de brique à la manière de France.

Item, demeurent en laditte ville de Trancquenne et au dehors en pluisieurs villaiges moult grant quantité de Tartres, qui là habitent par tribut, lesquelz sont drois Sarrasins, sans avoir riens de la loy de Jhésu-Crist et ont ung laigaige à part nommé le Tartre. Et habitent samblablement en ladite ville Allemans, Létaus, Russes et grant quantité de juifz, qui ont chascun langaige espécial, et est ladicte ville au duc Witholt: sy à de le Wilne jusques là sept lieues.

Item, tient ledit Witholt, prince de Létau, ceste ordre d'honneur parmy son pays, que nulz estrangers venans et passans pars icelui, riens n'y despendent, ains leur fait le prince délivrer vivres et les conduire sauvement partout où ilz veulent aller parmy ledit païs, sans coustz et sans frais, et est ledit Witholt moult puissant prince, sy a conquesté douse ou trèse que royaumes, que païs à l'espée, et a toudis dix mille chevaulz de se selle appartenans pour son corps.

Item, en ladite ville de Trancquenne y a ung parcq enclos, ouquel sont de toutes manières de bestes sauvaiges et de venoisons dont on peut finer es forests et marches de par de là, et sont les aucunes comme boeufz sauvaiges nommez ouroflz et autres, en y a comme grans chevaulz nommez *weselz*, et autres nommez *hellent* et y a chevaulz sauvaiges, ours, porcs, cerfz et toutes manières de sauvegines.

Item, de Trancquenne m'en vins à ung chasteau et villaige nommé Posur situé sur la rivière de le Memmelle, qui est moult grosse rivière, et est ledit chastel moult grant tout de bois et de terre et est moult fort assis de l'un des lez, sur une montaigne moult reste, chéant sur la ditte rivière, mais à l'autre lez est situé en plaine terre. Et là, en ce dit chastel, trouvay le duc Witholt, prince de Létau, sa femme et sa fille, femme au grant roy de Musco, et la fille de sa fille, et estoit ledit duc venus en ce lieu là, comme il a de usaige de faire, pour chasser une fois l'an es dites forests les yvers; et sy tient trois sepmaines ou ung mois chassant sans entrer en nulles de ses maisons ne villes, et y a de Trancquenne jusques au dit chastel de Poseur cinq lieues.

Item, après que me partis de Poseur m'en vins à une grosse ville fermée nommée Caune, et y a ung moult beau gros chastel assis en escut sur le rivière de le Memmelle et sied à douse lieues de Poseur.

Item, me partis de Canne, en Létau, alant tousjours sur la rivière de le Memmelle avecque mes *sledes* et passay par devant deux chasteaulz dudit royaume de Létau; et de cette rivière de le Memmelle entray sur une autre rivière nommée le Memmelin, et puis, passant parmy païs moult desert, par grans forest et grandes rivières, yssy hors du royaume de Létau et rentray ou païs de Prusse, sy arryvay à ung gros chastel et petite ville fermée de bois appartenant aux seigneurs de l'ordre de Prusse, nommée Ranghenyt, qui est ung couvent et commanderie; et y a de Caune en Létau jusques à ledicte ville de Ranghenyt xvj lieues.

Item, de Ranghenyt retournay à Keuninczeberghe, puis remontay sur une mer de doulce eaue nommée le Haf et vins sur *sledes* tousjours sur le dit Haf qui encores estoit moult engelé, jusques en la ville de Danzicque, en Prusse; et contient le dit Haf vingt quatre lieues de long et dix ou douse lieues de large, et costie-on le grant chemin de Danzicque à Keuninczeberghe, ou il y a vingt et sept lieues par terre à aler quant on va jus du Haf.

Item, au retour que je fis en ladicte Danzicque faillirent les grandes gelées et les nesges, qui avoient duré vingt et sept sepmaines, et fut environ l'entrée de mars qu'il desgella sy fort qu'il me convint là laissier mes *sledes* et remonter sur mes chevaulz; et fit cette saison sy grant froidure es païs de Russie de Létau et de Liuflant que moult de poeuple morut et engella de froit.

Item, de Danzicque m'en revins à Marienbourg et prins congié aux hault-maistres et seigneurs de l'ordre, et puis me party pour aler ou royaume de Poulane, devers le roy de Poulane, pour veoir sa court, son estat et son païs, sy m'en allay parmy le païs de Prusse, tant que je vins à une moult belle et riche ville fermée et chastel, couvent et commanderie nommée Thore, située sur la rivièr de le Wisle, et départ ladicte rivière en ce lieu là le païs de Prusse et de Poulane, et passay par ung chastel nommé Ingleseberck ouquel on tenoit le hault-maistre qui la saison devant avoit esté dégradé et demis de sa seignourie, et alay devers lui pour le visiter en sa misère, dont je euz grant pitié. Et y a de Danzicque jusques à Thore vingt lieues.

Item, dudit lieu de Thore envoyay devers le roy de Poulane pour avoir ung saufconduit à aler devers luy pour ce que j'avoie esté armé en la devant dicte *reise* de Prusse contre le duc de Pomer, auquel ledit roy avoit esté aydans et envoiay devers luy jusques à Traco, où il y a soixante lieues. Et endementrans de ladicte ville de Thore m'en alay esbatre à une autre grosse ville fermée de Prusse nommée

Columiene, sur le Wisle, à sept lieues de Thore, qui est ung païs à par luy, et de là m'en allay à ung chastel et commanderie nommée Awenhoux, ou on aoure Sainte-Barbe, et y a l'un des bras et une partie du chief de la benoitte vierge, et y a moult beau pélerinaige. Et de là fus mené sur le rivière de le Wisle à une lieue de Thore en une islette ou jadis, du temps que tout le païs de Prusse estoit mescréant, les seigneurs des blans-manteaux, de l'ordre de Prusse, firent leur première habitation sur ung gros fouellu arbre de quesne, assis sur le bort de la rivière, où ilz firent ung chastel de bois et le fortefièrent de fossez autour arrousez de ladicte rivière, dont depuis par leur vaillance à l'ayde et retraitte dudit chastel concquirent tout le païs de Prusse et le mirent à nostre créance, et est ce lieu là nommé Aldenhoux.

Item, de ladicte Thore m'en alay esbattre en pluisieurs chasteaux et villes de là entour appartenans ausdis seigneurs de Prusse, et, mon saufconduit venu, passay oultre la rivière de le Wisle et entray ou royaume de Poulane. Sy arryvay à une ville fermée nommée Callaiz, en laquelle je trouvay le dit roy de Poulane et de Traco, qui estoit illecque venu esbatre pour chassier en ses forets, et fus huit jours devers luy par les festes de Pasques.

Item, me fist ledit roy honneur et bonne chière et fist à ung jour sollempnel ung très-merveilleux et beau disner et me fist seoir à sa table, puis au partir me donna une coupe dorée armoyée de ses armes et escripvy par moy lettres de créance au roy de France, laquelle créance estoit qu'il se complaignoit de luy, qui estoit principal de tous les roys crestiens, pource que tous les rois crestiens l'avoient visité par leurs ambaxades, depuis sa nouvelle créacion d'avoir esté fait roy crestien, et le dit roy de France non. Et y a de ladicte Thore jusques à Callaiz vingt deux lieues.

Item, au partir de Callaïz prins mon chemin pour m'en aler devers le roy de Béhaigne, et me fist le roy de Poulane conduire et mener hors de ses païs de le Sleisie, qui luy appartient; et arrivay à une moult belle, moult riche et moult marchande ville située ou dit païs et nommée Bresseloeu. Et de la dessus dicte ville jusque à Bresseloeu a dix-huit lieues.

Item, de Bresseloeu, en Sleisie, vins à une ville fermée en ladicte Sleisie nommée Snaydenech, qui siet à six lieues de Bresseloeu, et là trouvay le duc Loys de Brighe, lequel me fist moult grant feste et honneur et me donna l'ordre et compaignie du roy de Land, dont ils sont de celle ordre bien sept cens chevalliers, que escuiers, et autant de gentilz femmes, dont il estoit le chief.

Item, me partis de ladicte ville de Snaydenech, en Sleisie, entray ou royaume de Béhaigne et passay par pluisieurs villes, dont pour briefté je ne fay point de mencion, sy vins en la ville de Praghes, qui est la maistre ville du royaume de Béhaigne, assise sur une rivière : en laquelle ville je trouvay le roy Jehan et la royne, et fus devers eulx onze jours; et y a de Sneydenech jusques à Prages vingt six lieues.

Item, à Praghes y a deux villes, la vielle et la nouvelle; et est moult grande et moult riche. Et en la nouvelle y a une grosse tour sur laquelle je vey, en la compagnie et avecque le roy, les reliques très-dignes, que on y monstre au poeuple une fois l'an, telz comme le fer de la lance et l'un des clauz de nostre seigneur et pluisieurs chiefz de corps sains, et y avoit lors sy grant poeuple, quand je les vey, que par le tesmoignaige de plusieurs chevalliers et escuiers yl y povoit bien avoir xl.^{m} testes.

Item, estoit alors tout le royaume, pour l'occasion d'un homme prescheur, nommé Housse, en division l'un contre l'autre; et faisoient guerre grant partie des nobles contre le roy et la royne; et entray au dit païs, mais j'en widay, en grant péril d'estre rué jus.

Item, me party de ladicte Praghes pour m'en aler en la duché d'Osteriche devers le duc, et vins à une ville fermée nommée le Berch en Béhaigne, à sept lieues de Praghes, et là sont les minières où on tire l'argent du roy de Béhaigne.

L'an mille quatre cens et trèze, moy revenu du voyaige 1413
et *reise* de Prusse, m'en alay en Engleterre pour faire le voyaige de Saint-Patrice, lequel je ne peus pour lors faire pour ce que je fus détenus et prins en Angleterre. De

laquelle prinse, la mercy Dieu! que je fus envoyé quittes et délivrés à l'aide de mes bons amis, mais y fus sy longuement que je ne peus estre au siège d'Arras, qui fut en ce temps.

1415 L'an mille quatre cens et quinse fus en la bataille de Rousseauville navré au genoul et en la teste et couchié avecque les mors, mais à les despouiller je fus prins prisonnier et gardé par une espace et mené en une maison près de là, avecque dix ou douse autres prisonniers tous impotens; et lors à une rencharge que fist monseigneur le duc de Brabant on crya que chascun tuast ses prisonniers, dont pour avoir plustost fait on bouta le feu en la maison, où entre nous impotens estièmes, mais par la grâce de Dieu je me trainay hors du feu à quatre piez où je fus tant que les Anglés, noz ennemis, revindrent, où derechief fus prins et vendu à monseigneur de Cornuaille cuidant que je fusse ung grant maistre pour ce que, la Dieu mercy! j'estoye assez honnestement en point, quant je fus prins la première fois selon le temps de lors. Sy fus mené à Callais et de là en Angleterre jusque à tant que on sçeut qui j'estoie, et lors fus mis à finance, de quoy je paiay douse cens écus d'or et ung cheval de cent francs; et au partir mon maistre devant dit de Cornuaille me donna vingt nobles pour racheter ung harnas.

1416 L'an mille quatre cens et sèze, moy revenu de prison, je alay deverś monseigneur le duc Jehan, en Bourgongne, lequel me donna la capitainerie du chastel de l'Escluse où je, par la grâce de Dieu, regnay trente ans, de là je revins devers monseigneur le duc Phillippe, lors comte de Charolois et gouverneur des marches de pardecha ou nom de monseigneur, son père; lequel me donna l'office des divines provisions, et fus continuellement avecq luy jusque à ce qu'il sçeut la mort de monseigneur le duc Jehan, son père, et, lorsque monseigneur le duc Phillippe fut duc de Bourgongne, il m'envoya en ambaxade avecq l'évesque d'Arras, qui pour lors estoit à Mante, devers le roy d'Angleterre, pour la paix du roy de France et d'Angleterre laquelle paix fut faitte en icelui temps que je vous compte.

L'an mille quatre cens et vingt fus avecq monseigneur 1420
le duc Phillippe au siège de Motreau, où il reprint le corps de monseigneur le duc Jehan, son père, et le fist porter en Bourgogne, de là fus au siège de Melun, qui dura cincq mois, et lors, par le trépas de messire Atheis de Brimeu, premier chambelan, le seau de secret de mon très-redoubté seigneur me fut baillié, sans ce qu'il y eut autre premier chambellan; couchay devant luy l'espace de trois mois, et portay sa bannière deux fois, la cotte d'armes vestue, en bataille rengié avecq luy; ce temps pendant emprins le voyaige de Jhérusalem par terre à la requeste du roy d'Angleterre et du roy de France et de monseigneur le duc Phillippe, principal esmouveur, et lors fut monseigneur de Roubaix, mon beau-frère, mandé, pour lors estant à Arras, et luy fut ledit seau de secret baillié et délivré.

1421 L'an mille quatre cens vingt et ung, le quatrième jour de may, me party de l'Escluse moy huitième, c'est à sçavoir : moy, le Gallois du Bois, Colart le bastard de Marquette, le bastard de Lannoy, Jehan de la Roe, Aggregy de Hem, le roy d'armes d'Arthois et Copin de Poucque. Et envoiay mes gens, mes bagues et les joyaulz dessusdiz par mer en Prusse, et m'en alay moy deuxième, avecq une escarcelle, par terre aussy en Prusse et passay parmy Brabant, Gueldres, la Westfale, les éveschiez de Minstre et de Bremme, à Hambourch, à Lubecque, à Wissemar, à Rostok, à Mesunde, à Gripsuole, parmy les duchés de Meclembourg, de Bart, de Wougast et de Pomere, et par l'éveschiet de Canin, puis vins à Danzicque sur le Wisle, où je trouvay le grant-maistre de Prusse avecq les seigneurs de l'ordre, et luy présentay les joyaulz et lettres dessusdictes; et fiz mon ambaxade de par les deux roys de France et d'Angleterre, lequel seigneur me fist grant honneur en moy donnant pluisieurs disners, puis me donna ung roussin et une belle haghenée; et donna au roy d'armes d'Arthois dix nobles; et laissay Aggrégy de Hem, mon parent, avecq le hault-maistre, nommé messire Micquiel Cocquemeistre, où il demoura deux ans pour apprendre alemant.

Item, de Prusse m'en alay devers le roy de Poulane, par la ville de Sadowen en Russie, lequel je trouvay parfont es désers de Poulane, en ung povre lieu, nommé Oysemmy, vers lequel je fis mon ambaxade de la paix des deux roys dessus nommez et luy présentay les joyaux du roy d'Angleterre, lequel me fist très-grant honneur, et envoya au devant de moy bien trente lieues pour moy faire venir à ses dépens, et me fist faire où dit désert ung très-beau logis tous de vertes fœulles et ramsseaux, pour tenir mon estat emprès luy, et me mena à ses chasses pour prendre ours sauvaiges en vie, et me donna deux très-frisques disners, l'un par espécial, où il y avoit plus de soixante paires de metz, et me assist à sa table, et me envoyoit toujours vivres. Et me bailla lettres, que je demandoie de luy, adreschans à l'empereur de Turquie, avec lequel il estoit alyez contre le roy de Hongrie, pour moi faire avoir mes saufconduits parmy la Turquie; mais il me dist que ledit empereur estoit mort, par quoy toute la Turquie estoit en guerre, et n'y pourroye passer par terre. Sy fus six jours devers lui, et me donna au partir, deux chevaulz, deux haghenées, deux draps de soye, cent martres sebelins, des gans de Russie, trois coupes couvertes d'argent dorées, cent florins de Hongrie, et cent florins en gros de Béhaigne. A quatre gentilz-hommes que j'avoye il donna à chascun ung drap de soie, et audit hérault ung drap de soye et dix florins de Rin, au queux, au charreton et au vallet d'estable donna à chascun ung florin, et me donnèrent aucuns de ses gens pluisieurs menus dons, comme ostoirs, gans, levriers, cousteaulz et litz de Russie. Et pour ce que le roy estoit là en lieu désert, il me envoya au partir de lui à une sienne ville nommée Lombourg, en Russie, pour me faire avoir bonne chière. Sy me donnèrent les seigneurs et bourgeois de ladite ville ung très-grand disner et ung drap de soye, et les Hermins, qui là estoient, me donnèrent ung drap de soie et me firent danser et faire bonne chière avecq les dames; et me fist conduire et mesner ledit roy hors de son royaume à ses despens par pluisieurs journées.

Item, de là me partis et m'en alay à une ville en Russie, nommée Belfz, devers la ducesse de la Masoeu, qui me fist honneur et m'envoya à mon hostel pluisieurs manières de vivres, et estoit sœur au roy de Poulane. Passay par la basse Russie et m'en alay devers le duc Witholt, grant prince et roy de Létau, que je trouvay à Kamenich, en Russie, enssamble sa femme acompaigné d'un duc de Tartarie et de pluisieurs autres ducs, ducesses et chevalliers en grant nombre, auquel duc Witholt je fis mon ambaxade de la paix de par les deux roys, et luy présentay les joyaulx du roy d'Angleterre, lequel seigneur me fit aussy très-grant honneur et bonne chière, et me donna trois fois à disner, me assit à sa table où estoit assise la ducesse, sa femme, et le duc sarrasin de Tartarie, parquoy je vey mengier char et poisson à sa table par ung jour de vendredy; et y avoit ung Tartre qui avoit sa barbe longue jusques dessoubz le genoul, enveloppée d'un coeuvrechief. Et à ung disner solempnel qu'il fist vers les deux ambaxades, l'une de la grant Noegarde et l'autre du royaume de Plesco, qui luy vinrent présenter pluisieurs présens merveilleux, en baisant la terre, devant sa table, comme martres crues, robes de soye, soubes, chapeaux fourrez, draps de laine, dens de couraques, qui est poisson, or, argent, bien de soixante manières de dons, et reçeut ceulz de la grand Noegarde, mais ceulz de Plesco non, ainchois les rebouta de devant ses yeulz par haine. Et me bailla ledit duc, au partir, telles lettres, qu'il me failloit pour passer par son moyen parmy la Turquie, escriptes en tartarie, en russie et en latin, et me bailla pour moi conduire deux Tartres et sèze que Russes, que Walosques, mais me dist bien que ne pourroye passer par la Dunowe, pour la guerre qui estoit partout en Turquie pour la mort de l'empereur, et estoit aliez avecq le roy de Poulane et avecq les Tartres contre le roy de Hongrie. Et me donna au partir deux robes de soye, nommées *soubes* fourrées, de martres sebelins, quatre draps de soye, quatre chevaulz, quatre chapeaux spichoult de sa livrée, et dix coeuvre-chiefz broudez, quatre paires de tasses de Russie, ung arcq, les flesches et le carcquois de Tartarie, trois tasses escartelées et broudées, cent ducas d'or et vingt cinq keuchelles d'argent, vaillant cent ducas. Lequel or et argent je reffusay et luy rendy pour ce que à celui temps et heure s'estoit aliez avecq les Housses contre nostre foy. Et m'envoya la ducesse, sa femme, ung cordon d'or et ung grant florin de Tartre à porter au col pour sa livrée; et donna ledit duc à mon dit hérault ung cheval et une soube fourée de martres, ung chappeau fric de sa livrée, deux keucelles d'argent et six ducats d'or et demy. A mon clercq, nommé Lambin, que je renvoiay devers le roy d'Angleterre, donna-il une soube, qui est robe de soye fourrée de martres et ung chappel de sa livrée; à cinq gentilz-hommes, que j'avoye avecq moy, à chascun il donna un drap de soye.

Item, me donnèrent ung duc et ducesse de Russie, de

ses gens, ung beau disner et une paire de gans de Russie broudez et ung[1] . . . . Et me furent donnez autres dons de ses chevalliers comme chappeaulz et moufflesfourrées de martres, et de cousteaux tartaresques; par espécial de Guedigol, capitaine de Pluy, en Lopodolye, et fus devers ledit Witholt neuf jours et puis m'en partis.

Item, de Kamenich m'en retournay à Lombourg où il y à cinquante lieues, et de tant me tordy hors de mon chemin pour trouver ledit duc Witholt. Et de Lombourg, passant parmy la Russie la haute, m'en alay en Lopodolie à une autre Kemenich merveilleusement assise, qui est audit duc, ou je trouvay ung chevallier, capitaine de Lopodolie, nommé Gheldigold[2], qui me festoya moult et me donna de gracieux dons et de ses vivres et beaux diners. Et de là m'en alay parmy Wallackie la petite, par grans désers, et trouvay le wiwoude Alexandrie, seigneur de laditte Wallackie et de Moldavie, à ung sien villaige, nommé Cozial, lequel me dist pour certain encores mieulz la vérité de la mort de l'empereur de Turquie et la grosse guerre qui estoit partout le païs, tant au costé devers Grèce, comme oultre le bras Saint-George, devers la Turquie, et qu'il y avoit trois seigneurs, qui chascun se vouloit faire empereur par force, et que nullement ne pourroye passer

[1] Un mot est laissé en blanc dans le manuscrit.

[2] C'est sans doute le même que l'auteur appelle Guedigol, huit lignes plus haut.

la Dunowe, car nul de ses gens ne fut sy hardy, qui m'y osast conduire, ne faire passer. Et sy failly que je changeasse mon propos d'aler parmy la Turquie, et en intention de essayer de tournoyer la mer Majour, prins mon chemin pour aler en Caffa par terre. Et au partir dudit seigneur de Wallackie il me donna ung cheval, conduitte et truchemans et guides, et m'en alay par grans désers, de plus de quatre lieues, en ladicte Wallackie et vins à une ville fermée et port sur laditte mer Majour, nommée Mancastre ou Bellegard, où il habitent Gênenois, Wallackes et Hermins. Et là y vint, moy présent, à celuy temps, à l'un des lez de la rivière le devant nommé Gueldigold, gouverneur de Lopodolye, faire et fonder par force ung chastel tout neuf, qui fut fait en moins d'un mois de par ledit duc Witholt, en ung désert lieu, où il n'y a ne bois, ne pierres; mais avoit ledit gouverneur amené douse mille hommes et quatre mille charettes chargées de pierres et de bois.

Item, à l'entrer de nuit en ladicte ville de Mancastre fus moy et ung mien trucheman prins, rué jus et desroeubé de robeurs et mesmes batu et navré au bras villainnement, et, que plus est, je fus desvestu tout nud en ma chemise et loyé à ung arbre, une nuit entière, emprès et sur le bort d'une grosse rivière nommée le Nestre, où je passay la nuit, en très-grant péril d'estre murdry et noyez, mais, la merci Dieu! ils me deslièrent au matin et tout nud comme devant, c'est-à-scavoir à tout ma chemise, eschappay d'eulz et m'en vins entrer en la ville sauf la vye. Et ce jour arrivèrent mes autres gens que j'avoye laissié celle nuyt au désert, sy alloye devant pour prendre logis pour eulx. Et perdis environ de cent à six vins ducas et autres bagues, mais enfin pourchassay tant envers ledit wiwoude Alexandrie, seigneur dudit Mancastre, que les larrons jusques à neuf furent prins et à moy livrez, la hart au col, en ma franchise de les faire morir, mais ilz me restituèrent mon argent, lors pour l'onneur de Dieu, priay pour eulz et leur sauvay la vye.

Item, de Mancastre envoiay une partie de mes gens, de mes bagues et joyaulz par mer en une nef en Caffa, et moy avecq les autres m'en alay par terre, partant de la Wallasquie pour aller audit lieu de Caffa, parmy ung grant désert de Tartarie, qui me dura dix huit jours, et passay la rivière de Nestre et la rivière de la Neppre, sur laquelle trouvay ung duc de Tartarie; amy et serviteur au duc Witholt, ensamble ung gros villaige de Tartres, qui sont audit Witholt, hommes, femmes et enffans, et estoient sans maisons logiez sur la terre; lequel duc, nommé Jambo, me donna largement poissons esturgeons et me présenta sieuce de bacho pour les faire cuire, et me fist bonne chière. Puis me fist passer par ses Tartres merveilleusement moy et mes gens et mes chars oultre ladicte rivière, qui avoit une lieue de large, en petits bateaux, tous d'une pièce. Mais après deux jours que je me fus party de lui il me survint une forte aventure, car je perdis tous mes chevaulz et mes gens; truchemans, tartres et guides, jusques au nombre de vingt et deux, furent perdus près d'un jour et une nuyt entière, par aucuns loups sauvaiges et affamez qui eslevèrent mes chevaulz par nuit, comme je reposoye en la forest déserte, et les sieuvirent mes dictes gens près de trois lieues longs; mais lendemain, moyennant la grâce de Dieu et pluisieurs pélerinaiges que je voay avecq mes gens, qui encores estoient avecq moy, nous retrouvâmes tous les dits truchemans et guides, reservé ung Tartre, très-loyal homme, qui poursicuvy mes chevaulz tant que, par merveilleuse aventure, il les retrouva par ung seul cheval coullu qu'il y avoit en la compaignie et d'une seulle jument, qui eulx deux, sans plus, furent premiers trouvez paissant ensamble, sur quoy ledit Tartre monta pour aler quérir les autres, lequel Tartre se nommait Grzooyloos, et estoit l'une de mes guides qui très-loyaument s'en acquitta, car après qu'il eut retrouvé tous mes chevaulz, s'il eust voulu estre faulz de les embler, aussy bien qu'il se monstra loyal de les moy ramener, nous estièmes tous mors dedens lesdittes forests et grans désers, car nous estièmes loing de ville, qui fut habitée, plus de sept journées.

Item, au partir de là, assez tost après, me survint encores une autre aventure, car en alant mon chemin vers ung empereur de Tartarie, demourant à une journée près de là, oudit désert de Caffa, nommé l'empereur de Salhat, amy dudit Witholt, vers lequel je aloye pour veoir son estat comme ambaxadeur et portant vers lui les présens dudit Witholt, trouvay à deux journées près de là une embusche de soixante à quatrevins Tartres à cheval qui saillirent hors de roseaux sur moy et me voulurent prendre prisonnier, pourtant que tout nouvellement ledit empereur de

Salhat estoit mors et qu'il y avoit la plus grant question du monde entre les Tartres de celle Tartarie et du grant Kan, empereur de Lourdo, pour y faire ung nouvel em=pereur, car chascun vouloit avoir le sien, et estoient tous en meuterie et en armes en ladite contrée, parquoy je fus en grant péril, mais sy bien m'en vint que à ce jour moy, et mes gens portièmes les chapeaux et livrées de Witholt, et iceulz Tartres de celle embusche estoient des gens du viel empereur de Salhat, qui estoit mort et qui avoit esté grant amy audit Witholt. Sy me laissèrent aler, moyennant plusieurs dons d'or et d'argent, de pain, de vin et de martres, que je leur donnay, et me guidèrent, en moy tordant par ung autre chemin, tant qu'en eschievant toutes gens d'armes, je arrivay à Samiette de nuit à une autre porte, à l'autre lez de la ville de Salhat, à laquelle je m'en alay heurter seulement pour dire je y ay esté, et sans entrer dedens, ne sans reposer; tout celle nuyt chevauchay et vins à Samiette et puis en la ville de Caffa, qui est ung port de mer et ville de trois fermetez, située en Tartarie, sur la mer Majour, appartenant aux Gênenois. Lesquelz Gênenois me firent honneur et bonne chière, et me envoyèrent pour présens vingt et quatre coffins de confiture, quatre torses, cent chandeilles de cire, ung tonnelet de malvisie et du pain; et me tendirent ung hostel espécial pour moy en la ville. Et là mis plaine dilligence de trouver conseil, guides et truchemans à tournoyer la mer Majour pour parfaire le chemin par terre en Jhérusalem, car j'estoye venu jusques à là tout par terre, et avoye failly à passer la Dunowe; mais en la conclusion ny fut oncques remède, ne moyen, que je y peusse trouver pour les longtains désers deshabitez de pluisieurs nacions, de diverses langues et créances, qui y habitent, sy vendy là mes chevaulz, et trouvay dedens neuf jours quatre galées de Venise, qui venoient de la Tane, avec lesquelles je revins en la ville de Perée et en Constantinoble. Ouquel lieu de Constantinoble je trouvay le viel empereur Manuel et le jeune empereur son filz, auxquels empereurs présentay les joyaux du roy de Angleterre, enssamble les lettres de la paix de France et d'Angleterre; et fis mon ambaxade de par les deux rois touchans laditte paix, enssemble le desir qu'ilz avoient de avanchier l'union d'entre les esglise Rommaines et Grégeoises, dont je fus plusieurs journées devers lesdis empereurs occupez avecq les ambaxadeurs du Pape, qui lors y estoient pour ceste cause et me firent lesdis empereurs honneur et bonne chière, selon la coustume du pais des Grégeois. Et me mena le jeune empereur pluisieurs fois à ses chasses et me donna à disner sur les champs. Et me donna le viel empereur au partir trente deux aunes de velours blancq et me fist monstrer sollempnellement les dignes relicques dont pluisieurs en y avoit en la cité et mesmes aucunes précieuses qu'il avoit en sa garde, sy comme le saint fer de la lance et autres très-dignes, et me fist monstrer les merveilles et anciennetez de la ville et des esglises; laquelle ville est en trépier, assise sur la mer et a dix huit mille de tour. Et me donna au partir une croix d'or à ung gros perle, en laquelle, en cincq parties, il fist enchassier en chascun membre une des relicques qui s'enssieut : premier de la robe Nostre Seigneur *Irrisoria*, d'un saint suaire Nostre Seigneur, de la chemise Nostre Dame, d'un oz de saint Estéene et de saint Théodore, escript sur chascun membre en grecq le nom de chascune relicque ; laquelle croix je fis depuis à mon retour enchasser en ung angèle d'argent et le donnay depuis à nostre chappelle de Saint-Pierre à Lille, et pourchassay, à l'ayde de monseigneur de Santes, mon frère, pardons à perpétuité sept ans et sept quarantaines.

Item, en iceluy temps avoit le viel empereur delivré hors de sa prison ung prince turcq nommé Moustaffa et l'avoit fait par son sens et puissance empereur de la Turquie, vers la Grèce, après la mort de Guirici Chalaby, son frère, pardevant empereur de Turquie, et l'avoit mis sur la partie de Grèce vers Gallipoly, par condicion que jamais ne devoit passer le bras de Rommenie pour passer oultre en Turquie, et devoit rendre le chastel et tout le navire de Galipoly à l'empereur de Constantinoble et faire guerre perpétuelle à Mourart-Bay, estant seigneur de Prusse et de la Turquie, qui lors y estoit receu empereur par la mort dudit Guiricy, son frère, mais il menty faulcement de toute sa promesse car il passa oultre à navire en la Turquie en puissance, et vint Mourart-Bay contre luy aussy à grant puissance et furent grant temps l'un devant l'autre les deux puissances tellement qu'il n'y avoit entre eulz deux que une rivière. Sy fus adverty de ceste besongne par quoy je prins une nef et du harnas pour aler devers l'un desdis empereurs turcs esperant qu'il y auroit bataille, mais l'empereur de Constantinoble fist arrester ma nef, et ne voult point la doubte de ma vie que je y allasse, dont je eus grant dœul; et demouray ainsy du tout resolu de parfaire mon voyaige de Jhérusalem par mer. Sy me mis en une nef et arrivay en l'isle et ville de Rodes, dont estoit maistre ung seigneur chastelain, lequel me fist honneur, et illecq laissay toutes mes bagues, avecq l'oreloge d'or du roy d'Angleterre, que je ne peus présenter pour ce que j'avoye trouvé ledit empereur de Turquie mort, auquel elle adreschoit, et laissay là toutes mes gens séjournans, qui grant desplaisir en eurent, jusques à mon retour, et m'en alay seullement moy troisième, c'est à sçavoir ledit Roy d'Arthois, Jehan de la Roe et moy, pour parfaire plus discrétement mes visitations le chemin qui s'ensieut.

Item, de là remontay sur une petite nef qui me mena en l'isle port et ville de Candie, qui est aux Venissiens, où je fus six sepmaines, et me firent le duc et les gentilzhommes grant honneur et me envoyèrent pluisieurs présens de vitailles. Et de là montay sur une autre nef qui me mena au port d'Alexandrie très-grosse ville fermée où demeurent sarrasins, et y a deux portz le viel et le nouvel; lesquelz desusditz lieux je visitay avecq le lieu saint où sainte Katherine fut martirisée et décolée, à mon povoir, par l'ayde dudit Jehan de la Roe. Et mis de là en avant toutes mes visitacions par escript dont je fis ung livret qui çy-après s'ensieut, duquel au retour de mon dessusdit voyaige le roy Henry en ot ung par copie et monseigneur le duc de Bourgogne ung autre. Et d'Alexandrie m'en alay par terre jusques au port de

Rosecto, où il y a trente six mille, et illecq entray sur une germe qui me mena amont la rivière du Nyl jusques à la grant ville du Kaire où le soudan de Babilonne demeure en ung riche chastel, et y a quatre journées de long, qui sont deux cents mille.

Item, au Kaire visitay ce que y estoit à visiter de pluisieurs merveilles qui y sont, et fus devers le patriarche d'Inde, lequel me présenta comme ambaxadeur du roy de France une fyole de fin balme de la vigne, où il croist, dont il est en partie seigneur.

Item, de là prins truchemans sarrasins et chargeay tentes et vitailles sur cameulx et deux asnes pour ma personne et fis le chemin de Sainte-Katherine du mont de Sinay par les désers d'Egipte, en costiant la mer rouge, où il y a onze journées de désers; et y à une esglise à Sainte-Katherine à manière d'un chastel, forte et quarrée, où les troix lois de Jhésu-Crist, de Moyse et de Mahommet sont en trois églises représentées; et en la nostre gisent les oz de la plus grant partie du corps de sainte Katherine; et montay sur ledit mont ou lieu où nostre seigneur donna la première loy à Moyse, et puis plus hault où le corps de ladite sainte fut ensepvely par les angèles de paradis et y demoura sept ans, puis visitay pluisieurs hermitaiges qui sont sur la montaigne.

Item, oultre ladicte montaigne environ trois mille, pour veoir merveilles alay visiter, à l'autre lez du désert, une pierre quarrée merveilleusement grande, laquelle sieuvoit jadis par miracle le poeuple d'Israël ou désert. Et y voit-on encores douse sourgeons desquelz saillirent douse fontaines, qui abreuvoyent les douse lignées d'Israël. Et est cette pierre toute seulle, loin de roches et de montaignes. Illecq couchié emmy le sablon.

Item, de Sainte-Katherine m'en vins au Kaire et illecq reprins truchemans et vitaille, et puis montay sur une germe et alay contre mont la rivière du Nyl, deux journées de loing, jusques à une esglise de Saint-George cristienne, et illecq remontay sur cameulx et m'en alay à Saint-Anthoine des désers, où il y a deux journées de chemin, qui sont cincq journées du Kaire. Saint-Anthoine est une abbaye de moines Jacobitains, cristiens, circoncis dont il y a cincquante, et est chastel situé sur une fontaine saillant d'une roche, et y a beau gardin de palmes et pluisieurs autres arbres et fruis.

Item, de là passay oultre une grande montaigne qui contient une lieue de long, à la veue de la mer rouge, et alay à Saint-Pol des désers, le premier hermite, qui est situé en lieu bas entre montaignes sur une fontaine saillant de roche, et est le chastel et abbaye forte de Jacobitains, subgectz à ceulz de Saint-Anthoine, et y a ung gardin de palmiers, et illecq vindrent les Indiciens tous nudz en quantité pour assaillir la place afin de avoir à boire comme ceulz qui moroyent de soif, quérans eaue par trois jours continuelz sans le trouver par ledit désert.

Item, de Saint-Pol retournay à Saint-Anthoine et de là au Kaire, et mis, que de aler, que de venir du Kaire à Saint-Anthoine sèze jours.

Item, me party du Kaire le trèsieme jour de juing, montay sur une germe et vins aval d'un des bras de la rivière du Nyl jusques à Damiette en trois jours; sy y peut avoir environ de cent et cincquante mille par eaue, mais par terre n'y a que cent mille, et y a sur ladicte rivière beaucop et fuison de bons villaiges et païs bien labouré, et sont en laditte rivière pluisieurs isles, aucunes haultes, aucunes non, les unes habitées, et point les aultres, et partout bateaulz nommez *germes*. De là alay à Thènes, de là à Rames et puis en Jhérusalem, et es lieux là autour acoustumez de aler aux pélerins. De là retournay à Rodes et de là à Venise le chemin accoustumé, et de là revins par les Allemaignes, où je fus prins du bastard de Lorhaine, mais le comte de Waudemont me fist délivrer.

S'ensieuvent les pélerinaiges, pardons et indulgences de Surye et de Egipte.

Et veulliez sçavoir que en quelconcques lieux cy-après nommez, où vous trouverez le signe de la croix, il y a plaine absolucion de paine et de coulpe, et es aultres lieux nommez cy-après où point n'y a le signe de la croix il y a sept ans et sept quarantaines de pardon; et furent données lesdictes indulgences de saint Silvestre pape, à la prière de saint Constantin, empereur, et de madame sainte Hélaine, sa mère.

Premièrement, en la cité de Joppen, en Surie, qui est dit Jaffe, est le lieu où saint Pierre resuscita de mort la femme qui servoit les appostelz, les disciples et les povres de nostre seigneur Jhésu-Crist, laquelle est nommée Tabita. — *Item*, la maison en laquelle saint Pierre estoit en oroison, quant il eut la vision du ciel, au rivaige de la mer. — *Item*, la pierre sur quoy monseigneur saint Pierre preschoit. — *Item*, le moustier et esglise saint George, en laquelle il fut martirisiez.

Item, en la cité de Rames est le chastel que l'en nomme Emaux, ouquel est la maison de Cléophe, ouquel est le lieu où Jhésu-Crist s'assit et brisa le pain; et adonc saint Cléophe et l'autre disciple le congneurent, et monstre-on aussy en icelle maison l'esglise où est le sépulcre dudit saint Cléophe. — *Item*, Ramatham-Sophin, citez de Elcaire et de Samuël, prophète, et le sépulcre d'icelui. — *Item*, la maison de Joseph, le noble, qui ensepvely nostre seigneur Jhésu-Crist, qui avoit nom *Centurio*. — *Item*, en l'entrée d'icelle y a plaine absolucion +. — *Item*, en la place de l'entrée de l'esglise du Saint-Sépulcre et en la moyenne de laditte place est le lieu ouquel Nostre Seigneur se reposa ung petit, quant on le menoit crucefier en portant la croix +. — *Item*, en l'esglise du S.t-Sépulchre est le mont de Calvaire surquoy Jhésu-Crist fut crucefiez +. — *Item*, y est le lieu où Jhésu-Crist fut recouchiez et oingz et enveloppé es sains lincheus +. — *Item,* y est le Saint-Sépulchre où Jhésu-Crist fut ensepvely et depuis très-glorieux resuscita +. — *Item*, où Jhésu-Crist s'apparut à Marie-Magdalaine en forme d'un gardinier +. — *Item,* où Jhésu-Crist fut emprisonné endementiers que on appareilloit le pertuis en terre pour planter et mettre la croix ou mont de Calvaire. — *Item*, où furent départis les vestemens de Jhésu-Crist. — *Item,* la chappelle de Sainte-Hélaine et le lieu où elle estoit quant les Juifz quéroyent la croix. — *Item,* où sainte Hélaine retrouva la croix de Jhésu-Crist et les croix des larrons, la couronne, les espines, les claux et la lance de Longis +. — *Item,* la coulompne à laquelle Jhésu-Crist fut lyez et couronnez d'espines. — *Item*, où fut trouvé le chief de Adam. — *Item*, les sépulchres des roys, c'est-à-sçavoir de Godefroy et Bauduin — *Item*, le lieu que on dist la moyenne du monde.

Cy s'ensievent les pardons et indulgences et les pélerinaiges qui sont dedens la cité de Jhérusalem.

L'esglise monseigneur Saint-Jehan-Baptiste et l'ospital des Frères de Rodes. — *Item*, la maison du riche homme qui reffusa les myettes de pain au ladre. — *Item*, dedens ceste maison est l'esglise de monseigneur saint Pierre, en laquelle est le lieu où il fut emprisonnez. — *Item*, le quarfour où les Juifz constraindirent saint Symon ad ce qu'il portast la croix de Jhésu-Crist, et en iceluy lieu mesmes osta Notre Seigneur sa croix et se retourna vers les femmes, qui le sieuvoient en disant : « Mes filles de Jhérusalem, ne veulliez plourer sur moy. » — *Item*, Sainte-Marie du Palme, ouquel est le lieu où la vierge Marie chey à terre pour la douleur quelle avoit, quant elle vey Nostre Seigneur portant la croix sur ses espaulles et condempné à mort. — *Item*, une arche sur laquelle furent mises deux blanches pierres, sur lesquelles Nostre Seigneur se reposa un petit, quant on le mena crucefier. — *Item*, l'escolle de la vierge Marie en laquelle elle fut introduite et aprinse en la lettre. — *Item*, la maison de Pillate où Nostre Seigneur fut lyez et batus, d'espines couronnez et à mort condempnez ✝. — *Item*, la maison de Symon, le lépreux, où Jhésu-Crist entra et mengea et pardonna à Marie-Magdalaine ses péchiez. — *Item*, devant la porte de la place du temple de Salomon est la maison de Hérode, où Nostre Seigneur fut mocquiez et vergondez et vestus de blans vestemens. — *Item*, le temple de Nostre Seigneur, où la vierge Marie fut présentée, et en icelui fut trèze ans, et fut en iceluy mariée à Joseph, et Jhésu-Crist présentez et entre les docteurs trouvé. — *Item*, la pischine probaticque de lez le temple. — *Item*, l'esglise de Sainte-Anne, mère de Nostre Dame, en laquelle elle fut née ✝. — *Item*, la porte par laquelle saint Estéene fut menez à lapider — *Item*, la porte dorée par laquelle Nostre Seigneur entra en la cité et ou temple le jour des Pasques flouries; et en icelle porte s'entreencontrèrent le père et la mère de la vierge Marie et s'entreacollèrent en la conception de la vierge Marie.

Cy s'ensieuvent les pélerinaiges du val de Josaphat.

Le lieu où saint Estéene fut lapidez. — *Item*, le rieu de Cédron. — *Item*, l'esglise et le sépulcre de le vierge Marie ✠. — *Item*, la place et le lieu ouquel Nostre Seigneur aoura trois fois au père. — *Item*, le sépulchre de Zacharie, fils de Barrachie, prophète; et en icelui lieu se apparut Nostre Seigneur à saint Jaque le mendre, le jour de Pasques, et là mesmes fut ledit saint Jacque ensepvely. — *Item*, le lieu où Judas Scariot se pendy.

Cy s'ensieuvent les pélerinaiges du mont de Olivet.

Le gardin où Nostre Seigneur fut de Judas trahy, et baisié, et des Juifz prins et loyez, et des appostres seul laissiez. — *Item*, où Nostre Seigneur mena saint Pierre, saint Jacque et saint Jehan en disant : « Triste est mon ame jusques à la mort. » — *Item*, où saint Thomas reçeut la chainture de la vierge Marie, icelle montant es cieulx. — *Item*, le lieu où Jhésu-Crist ploura sur la cité de Jhérusalem le jour des Pasques flouries. — *Item*, où l'angèle Gabriël donna la palme à la vierge Marie. — *Item*, le lieu de Galilée, où Jhésu-Crist s'apparut à ses onze appostres. — *Item*, l'esglise de Saint-Sauveur, ouquel lieu est la place où estoit Nostre Seigneur quant il monta es sains cieulx. — *Item*, le sépulchre de saint Pellage. — *Item*, le lieu de

Bethphage. — *Item*, le lieu où les apostres firent et composèrent le *Credo*. — *Item*, où Jhésu-Crist fist la *Pater noster*, et en ce mesmes lieu dist à ses apostres les signes qui seront devant le jugement. — *Item*, le lieu où la vierge Marie se reposoit aucunes fois ung petit, quant elle alloit visiter ces sains lieux cy-dessus nommez.

Cy s'ensieuvent les pélerinaiges du val du mont de Syon.

Premier la fontaine de la vierge Marie où elle lavoit les draps de Nostre Seigneur, quant elle le présentoit au temple. — *Item*, le lavoir de Siloë. — *Item*, où Isaye, le prophète, fut ensepvely. — *Item*, où ledit Isaye fut tué des Juifz. — *Item*, la fontaine de Rogel pour laquelle Adonias, filz de David, fist ung disner ad ce qu'il fust couronnez devant Salomon. — *Item*, la valée Beneïscon, en laquelle le roy de Josaphat vaincqui par son oroison les enffans de Moabe et de Amos. — *Item*, la rue Engady en laquelle souloient estre les vignes du balsme, mais par la royne Cléopatre furent rapportées de Egipte en Babilonne. — *Item*, les montaignes d'Engady et les lieux très-seurs, *latibula* David, le roy. — *Item*, la morte mer. — *Item*, la pierre du désert de laquelle Ysaye parle en telle manière : « *Emitte agnum, Domine, etc.* » en laquelle est assise une cité qui est nommée Trach. — *Item*, une journée oultre, est une terre que l'en nomme Hus, de laquelle fut nez Job, le pacient; et en celle est la cité de Sébath en laquelle fut ensepvely Aaron, frère de Moyse. — *Item,* le saint champ qui fut acheté trente deniers, le pris du corps de Jhésu-Crist. — *Item,* le champ de *fulonis.*

Cy s'ensieuvent les pélerinaiges du mont de Syon.

Le lieu où saint Pierre ploura amèrement. — *Item*, où les Juifz voulurent ravir et emporter le corps de la vierge Marie, quant on le portoit ensepvelir ou val de Josaphat. — *Item,* l'esglise de Saint-Angèle, qui fut maison de Anne, évesque, en laquelle fut menez Jhésu-Crist, et là fut examinez, une fois renoiez de saint Pierre et buffiez d'un varlet. — *Item,* l'esglise de Saint-Sauveur qui fut maison de Cayphe, évesque, en laquelle Jhésu-Crist fut menez, examinez, batus, débuffiez, vergongniez, emprisonnez et à mort condempnez, dont on dist que là est la prison de Jhésu-Crist. — *Item,* l'esglise de la vierge Marie, qui fut le chasteau de David, le roy, en laquelle est le très-saint lieu où la vierge Marie fut par l'espace de quatorse ans, et là trespassa. — *Item,* près de celuy lieu est la cisterne de la vierge Marie, de laquelle eaue elle beuvoit. — *Item*, le lieu où saint Jehan, l'éwangeliste, célébroit messe devant la vierge Marie. — *Item,* où le sort chey sur saint Mathieu qu'il seroit appostre par élection. — *Item,* le oratoire de la vierge Marie. — *Item*, le lieu où Jhésu-Crist prescha une fois, et là voit-on le lieu où la vierge Marie se séoit. — *Item,* les sépulchres des roys David, Salomon et des autres douse. — *Item,* où fut ensepvely Symon, le juste et le cremeu. — *Item,* où fut rosty l'aigniel de Pasques et chauffée l'eaue pour laver les piez des appostres. — *Item,* le lieu où saint Estéenne fut ensepvely la seconde fois. — *Item,* le vénérable lieu de le Cène, ouquel est le lieu où Nostre Seigneur mengea avecq ses appostres l'aigniel paschal, et leur démonstra et dist moult de belles parolles touchant charité; et là fist et ordonna le très-hault sacrement de son corps et de son sang; et là mesmes il se apparut à ses appostres le jour de l'ascencion et mengea avecq eulz, et leur osta la mauvaise créance et la dureté de leurs cuers ✝. — *Item,* où Jhésu-Crist s'agenouilla et lava les piez de ses appostres. — *Item,* le lieu très-vénérable ouquel les appostres et disciples de Jhésu-Crist reçeurent le S.t-Esperit le jour de la Penthecouste ✝. — *Item,* où Jhésu-Christ se apparut le jour de Pasques et en l'octave les Portes Closes à ses appostres. — *Item,* l'esglise de Saint-Jacque le grant, et le lieu où il fut décolez. — *Item,* le lieu où Jhésu-Crist se apparut le jour de Pasques aux trois Maries, revenans du sépulchre quant il leur dist : « Dieu vous salue. »

Cy s'ensievent les pèlerinaiges du flun Jourdain.

La tour rouge. — *Item*, après l'esglise Saint-Joachim, père de la vierge Marie, ouquel il fut nez et se reprint avecq ses pastours, quant il fut déboutez du temple ainsi= que vergongneux. — *Item*, le mont de Quadragésime, ou= quel Jhésu-Crist jeusna quarante jours et quarante nuitz +. — *Item*, en la hauteur d'icelui mont est le lieu où le deable monstra à Jhésu-Crist tous les règnes du monde. — *Item*, la fontaine de Jhérico la vielle, laquelle eaue adoulcha Eliseus, le prophète. — *Item*, Jhérico la vielle, laquelle Josué destruisy avecq sa compaignie. — *Item*, la cité de Hay. — *Item*, Béthel où Jacob dormy et mist la pierre en enseigne et vey l'eschielle, etc. — *Item*, Jhérico la seconde, en laquelle fut nez Zacheus, qui reçeut Nostre Seigneur en son hostel. — *Item*, le lieu où Jhésu-Crist enlumina l'aveugle qui cryoit : « Filz de David, etc. » — *Item*, Jhérico la tierce, et celle du jourd'huy. — *Item*, le moustier de saint Jehan-Baptiste. — *Item*, le flun Jourdain ouquel lieu Jhésu= Crist fut baptisiez +. — *Item*, par icest fleuve passèrent les Juifz à secq piez, quant ilz se départirent de la terre d'Egipte, et Naaman Cirus fut en celluy fleuve gary de lèpre, et sur cestui fleuve passèrent à secq piez Elyas et Elyseus, prophètes, quant Elyas monta sur le char de feu; et en cestui fleuve passa trois fois à piez secq Marie Egipcienne. — *Item*, le lieu où fut Béthanie la seconde, de laquelle on dist en l'éwangile : « *Hec facta sunt in Bethania, trans Jordanem, etc.* » — *Item*, le moustier saint

Jhéromme, ouquel il fist sa pénitance. — *Item*, la mer morte, en laquelle se fondirent cincq citez pour le péchié de bougherie. — *Item*, en la rive d'icelle mer est la femme Loth qui fut muée en samblance de sel. — *Item*, la cité de Ségor où Loth se sauva avecq ses deux filles. — *Item*, les montaignes d'Arrabicq, desquelles Moyse monstra au poeuple la terre de promission, et en celles montaignes est-il ensepvely. — *Item*, le désert ouquel Marie egipcienne fist sa pénitance, par l'espace de trente ans. — *Item*, la cité de Crach, et en icelle est la pierre du désert. — *Item*, la cité de Sébach en laquelle est le sépulchre de Aaron, et de là va-on bien par désers à Sainte-Kathérine et à Le Mecque, en laquelle cité est le corps du très-décepvable Mahommet.

Cy-après s'ensievent les pèlerinaiges de Bethléem.

Le mont de Syon est le lieu où Salomon fut sacrez et oingz en roy; et là est la maison de Mal-Conseil, en laquelle fut fait le conseil de la mort de Jhésu-Crist, quand Judas dist aux Pharisiens: « *Quid vultis michi dare, etc.* » — *Item*, ou piet d'icelui mont, c'est-à-sçavoir en la voye qui s'en va en Bethléem est l'esglise des trois Roys, en laquelle ilz furent logiez, quand ilz vindrent en Jhérusalem. — *Item*, le champ et le lieu que on dist Bercha, où l'angèle de Nostre Seigneur tua cent et soixante cincq mille hommes de nuyt

8

en l'ost de Sénécaris qui vouloit destruire Jhérusalem. — *Item*, où l'estoille se apparut aux trois Roys. — *Item*, la rue que on dist Betsura, de quoy on list : *Macabeorum capitulo*. — *Item*, le moustier de Hélye, le prophète. — *Item*, le sépulcre de Rachel, femme Jacob. — *Item*, la sainte cité de Bethléem, en laquelle est l'esglise de la vierge Marie et le lieu où l'estoille amena les trois Rois et là où elle desaparut. — *Item*, le très-saint lieu où Jhésu-Crist fut nez +. — *Item*, ou Jhésu-Crist fut circoncis et où il commensça à espandre son sang. + Et là furent tuez grant partie des Innocens. — *Item*, la chapelle saint Jhéromme, en laquelle il souffry moult de pénitance et laboura moult en l'exposicion et en la translacion de la sainte escripture. — *Item*, le lieu où il demouroit, et là fut ensepvelis. — *Item*, où furent ensepvelis moult de Innocens. — *Item*, l'esglise Saint-Nicolay, en laquelle saint Paule et Eusthocie firent leur pénitance, et voit-on là en ce lieu leur sépulchre. — *Item*, dessoubz icelle esglise y a une chappelle de la vierge Marie en laquelle elle se annuyta avecq Jhésu-Crist et Joseph, et là en icelle nuyt fut dit à Joseph en songe: « Preng l'enffant et la mère d'iceluy et t'en fui en Egipte. » — *Item*, en l'autre chief de la cité est l'esglise des trois Rois où ilz furent logiez, quant ilz eurent aouré Nostre Seigneur, et là leur fut admonnesté en leur dormant qu'ilz ne retournassent mye par Hérode, etc. — *Item*, près d'icelle est la cisterne de David de laquelle eaue il désiroit à boire. — *Item*, une petite chapelle de la vierge Marie, en laquelle l'angèle Gabriël l'encontra et lui dist où estoit la terre d'Egipte et lui monstra la voye. — *Item*, où l'angèle adnoncha aux pastoureaux la nativité de Jhésu-Crist et prindrent les angèles à chanter: « *Gloria in excelsis Deo.* » — *Item*, le chastel Tacue dont fut Amos, le prophète. — *Item*, l'esglise en laquelle sont ensepvelis douse des mendres prophètes et aussy grant partie des Innocens. — *Item*, le moustier de saint Cant, abbé, qui fut père de moult de sains moisnes.

Cy s'ensieuvent les pélerinaiges de la montaigne de Judée.

L'esglise de Sainte-Croix, en laquelle est le lieu où crut ung des bois de la sainte croix. — *Item*, la maison de saint Symeon le juste, qui présenta Jhésu-Crist au temple. — *Item*, l'esglise de Saint-Jehan Baptiste qui fut maison de Zacharias en laquelle la vierge Marie entra et salua Elizabeth et dist : « *Magnificat anima mea Dominum, etc.*, » et voit-on là le lieu où saint Jehan fut nez. — *Item*, l'esglise de Zacharie, père de saint Jehan, en laquelle est le lieu où saint Jehan fut circoncis et lui fut mis son nom, et quant Zacharie eut ouverte la bouche, il prophétisa, disant en telle manière : « *Benedictus Dominus, Deus Israelis, etc.* » Et voit-on là le lieu ouquel saint Jehan se repust ou temps de l'interfection des Innocens. — *Item*, le val de Botry, où les ployeurs de Josué portèrent l'estarcho avecq leur crappe de roisin. — *Item*, la voye par laquelle aloit en * . . . . . Agazazeth, et est celle voye déserte et foresteuse, et près de là est la fontaine où saint Jehan le baptisa.

Cy s'ensieuvent les pélerinaiges de la cité de Ebron.

Entre Ebron et Bethléem est la maison en laquelle fut nez Jonas, le prophète. — *Item,* la fontaine et le vergier de Abraham qu'il donna à Sarre, sa femme, en doaire. — *Item,* la cité de Ebron, la neufve et la moienne, de laquelle est l'esglise où sont ensepvelis Adam, Abraham, Isaac et Jacob et leurs femmes. — *Item,* où Caym tua Abel. — *Item,* où Adam et Eve plourèrent cent ans la mort de Abel. — *Item,* le champ d'Amacheus ouquel Dieu forma Adam. — *Item,* Ebron, la vielle, en laquelle David regna sept ans et six mois. — *Item,* où Abraham vey trois enffans, et ung en aoura en la fin du val de Mambre. — *Item,* le désert où saint Jehan-Baptiste, encores enffant, fist ses pénitances, mengeans herbes et miel de silvestre. — *Item,* la rue de Bersabée, jadis grande, des Juifs ou lignaigne de Juda, où Adam planta le bois quant Hélyas, fuians en Oreb c'est-à-sçavoir ou mont de Synay, laissa son enffant Elizeum.

---

* Un mot est laissé en blanc dans le manuscrit.

Cy s'ensievent les pélerinaiges de Nazareth.

La rue de Griaphanla, de laquelle fut nez monseigneur saint Estéene, et là fut ensepvely pour la première fois avecq Gamaliël, nourrisseur de saint Pol et d'Abiron, son filz. — *Item*, la rue d'Albiera, en laquelle est l'esglise de la vierge Marie, en laquelle est le lieu où la vierge Marie et Joseph, quérant Nostre Seigneur, qu'ilz avoient laissié en Jhérusalem, le retrouvèrent ou temple entre les docteurs. — *Item*, la rue de Anatoth, de laquelle fut Jhéremias, le prophète. — *Item*, la rue de Sylo, en laquelle est le lieu ou l'arche de Nostre Seigneur fut par moult de temps, là alloient les Juifs faire leurs oroisons devant ce que le Temple fust fait. — *Item*, le puich de la femme samarithaine. — *Item*, près d'icelui puis est le lieu et la chapelle où les Juifz samarithains font oroison. — *Item*, la cité de Sicchem, la vielle, ditte Siccar, de laquelle fut celle femme samaritaine, en laquelle cité fut Jhésu-Crist et y prescha trois jours. — *Item*, la ville de Sicchem ou de Siccar, la nœufve, que on dist Nappolona, près de laquelle sont ensepvelis les oz de Joseph, qui fut vendus es portz de Egipte — *Item*, la cité de Sabestem, située en Samarie, en laquelle ville est l'esglise de S.t Jehan-Baptiste, qui baptisa Nostre Seigneur et le lieu où il fut emprisonné et décolé. — *Item*, là emprès est l'esglise de Elizée et d'Abdye, le prophète, entre lesquelz fut ensepvely S.t Jehan-Baptiste, et encore montre-on là leur sépulture. — *Item*, le chasteau appelé Ignoro, où Jhésu-Crist nettoya et garist dix meséax. —

Item, le chastel de Zanny. — *Item*, la cité d'Israël, près de laquelle est une fontaine, et là commence la plaine, que on dist le val de Illustrio, et y a deux petitez montaignes, c'est-à-sçavoir Dan et Béthel, esquelles Jhéroboam, roy des dix ligniés, mist les veaulz d'or et les commanda aourer disant : « Cy sont les Dieux d'Israël. »

Cy s'ensievent les péterinaiges de la cité de Nazareth.

En la sainte cité de Nazareth est l'esglise de la vierge Marie, en laquelle est la chapelle et le lieu où la vierge Marie estoit en oroisons, quant l'angèle Gabriël la salua.— *Item*, le lieu ouquel l'angèle Gabriël estoit. — *Item*, la fontaine de laquelle Jhésu-Crist prenoit eaue et le portoit à sa mère. — *Item*, la signagogue et esglise converse, en laquelle Nostre Seigneur entra, et là lui fut baillié ung livre d'Isaye où il lisy, ou premier chapittre : « *Spiritus Domini super me ewangelizare, etc.* » — *Item*, l'esglise du saint angèle Gabriël — *Item*, dehors la cité, à une mille devers le solleil de midy, est le lieu où les Juifs volurent fourcommander par force Nostre Seigneur dont on dist : «*Jhesus autem transiens per medium illorum ibat, etc.* » — *Item*, à dix mille de Nazareth est la cité de Zéphora de laquelle fut Joachim, le père de Nostre Dame. — *Item*, à une lieue près de Zéphora est une cité, que on dist Cana Galilée, en laquelle est l'esglise de Saint-Sauveur, en laquelle eglise Dieu converty l'eaue en vin; et d'icelle cité nasquirent saint Symon, l'appostre, et Nathanaël. — *Item,* en la voye qui va de Nazareth en la cité d'Acre, que on dist Acon, ou Tholomayda, est le chastel de Sapharaon, duquel nasquirent saint Jacque et saint Jehan, enffans de Zébedée. — *Item,* à quatre mille de Nazareth, vers Orient, est le mont de Thabor, en la haulteur duquel est le lieu où Jhésu-Crist se transfigura devant trois appostres+. — *Item,* en descendant d'icelui mont est le lieu où il dist à ses appostres : « *Visionem, quam vidistis, etc.* » — *Item,* ou piet d'iceluy mont est le lieu où Melchisedech acouru encontre Abraham qui retournoit de la mort des rois. — *Item,* le lieu où Jhésu-Crist garist l'enffant démoniacque quant il dist à ses appostres : « Chil gendre d'ennemy ne peut éstre bouté hors fors que par oroisons et par jeusnes. » — *Item,* à deux mille de Thabor, vers midy, est la cité de Naym, à la racine du mont de Hermon, en laquelle Jhésu-Crist resuscita l'enffant de la vefve, et cilz est Hermon le grant, dont on dist es pseaumes : « *Sicut ros Hermon qui descendit in montem Syon.* » — *Item,* le mont petit de Hermon dont Silvestres dist es pseaumes : « *Et Hermonii in monte modico.* »

Cy s'ensieuvent les pélerinaiges de la mer de Galilée.

A sèze mille du mont de Thabor, vers aquilaue, est Bethsayda, la cité de saint Pierre, de saint Audrieu et de saint Phillippe, et en celle cité Nostre Seigneur rendy la parolle au muyet, disant aiusi : « *Elpheta, etc.* » — *Item,* à deux mille de là, est la cité de Thibériadis, située en la rive de la mer, en laquelle sont encores sept esglises, desquelles les trois sont sur la rive de la mer. Premièrement y est l'esglise où Jhésu-Crist appella saint Pierre et saint Adrieu. — *Item,* près d'icelle est l'autre où Jhésus appella saint Jacque et saint Jehan, filz de Zébedée.— *Item,* près d'icelle est une autre esglise où Jhésu-Crist, après la résurrection, estant sur la rive de la mer, se apparut à ses appostres, et là veirent ses appostres le charbon ardant et brèse dessus. — *Item,* dedens celle cité est l'esglise de Saint-Sauveur en laquelle Jhésu-Crist appella saint Mahieu *de theloneo.* — *Item,* l'esglise de saint Mathieu, appostre, et fut cellela maison du dit saint Mahieu, en laquelle Jhésu-Crist mengea avecq lui quant il dist : « *Illi qui sunt sani non indigent medico.* » —*Item,* l'esglise de sainte Marthe, où Jhésu-Crist la garist du cours de sang, par atouchier seulement le bord de son vestement. — *Item,* la maison de Archisuagis, où Jhésu-Crist resuscita sa fille.— *Item,* la cité de Carozaïs, contre laquelle Jhésu crya en l'ewangile : « *Ve tibi Corozaïm!* » — *Item,* la cité de Cédar, de laquelle on dist es pseaumes : « *Habitavi cum habitantibus Cedar.* » — *Item,* la montaigne en laquelle Jhésu-Crist rasasya cincq mille hommes de cincq pains.— *Item,* ou piet de celle montaigne est le lieu ou Jhésus garist le mesel à qui il dist : «*Volo mundare,*» et en laquelle Jhésu-Crist fist le miracle de la tainture des draps, dont aucuns appellent ce lieu Cana-Galilée; mais ce n'est mye vray. — *Item*, les baings de l'eaue chaude. — *Item*, ou piet de la mer est ung mont où Jhésu-Crist rassasya quatre mille homme de sept pains. — *Item,* à l'autre lez de la mer, est le chastel de sainte Marie-Magdalaine.— *Item,* le païs de Génésarorum où il y a une cité appellée Génézareth près de laquelle est le lieu où Jhésu-Crist délivra l'omme de la légion des deables qui entrèrent es pourceaux et se boutèrent en l'estang de Génézareth, c'est-à-sçavoir, en icelle mer de Galilée. — *Item,* la cité de Capharnaüm où Jhésu-Crist sava le serf de Centurion et le tayon de saint Pierre l'appostre, et celle est droit contre Bethsayda. — *Item*, la cité de Césaré-Phillippe.— *Item,* le lieu où Jhésu-Crist dist aux appostres : « *Quem dicunt homines esse filium hominis.* ». — *Item*, les fontaines de Thor et de Dan. — *Item*, le mont Liban.

Cy s'ensieuvent les pélerinaiges qui sont devers la mer de Surie.

La cité de Sydon devant la porte de laquelle est le lieu où Jhésu-Crist délivra de l'ennemy la fille de Cananée. — *Item*, la cité de Sagepta, et l'appelloit-on jadis Sarrepta-Sydonie, devant la porte de laquelle on voit le lieu où

Hélias, le prophète, parla à la vefve Sarreptane, et le lieu où fut le miracle de l'oille, et où Helyas demouroit et où il resuscita la fille de la vefve devantdicte. — *Item*, une cité nommée Cirus, en laquelle est ensepvely Origènes, et voit-on devant la porte d'icelle le lieu où Jhésu-Crist garist l'omme démoniacque, muyet et aveugle, et le lieu où Jhésu-Crist prescha quant la femme lui dist : «*Beatus venter qui te portavit et ubera que succisti, etc.*» —*Item*. la cité d'Acre, ou d'Acon, ou Tholomayda, devant la porte de laquelle on voit le lieu où Jonas, le prophète, comme il fut ou ventre du poisson, fut jecté de la mer. — *Item*, le mont de Carmely ouquel on voit le lieu où Hélyas et Héliseus, prophètes, firent leurs pénitances.—*Item*, la montaigne de Hélye, où premier fut commencié l'ordre des Carmes.—*Item*, le lieu où fut martirisié sainte Marguerite. — *Item*, à l'un des lez d'icelle montaigne est située une cité nommée Suna de laquelle fut une femme nommée Sunamitis, laquelle recevoit Hélysée en son hostel. — *Item*, où Hélisée resuscita de mort le filz de laditte femme. — *Item*, le maison où Hélysée demouroit. — *Item*, le courant de Sicen ouquel est le lieu où Hélie, le prophète, apporta à Dieu sacrifice et fist tuer les prestres de Baal. —*Item*, le chastel du pélerin, ouquel fut née sainte Marguerite. —*Item*, le chastel de Cayphas ouquel furent fais les claux dont Jhésu-Crist fut atachiet à l'arbre de le croix. — *Item*, le chastel ouquel fut trouvé saint Phillippe quant Eunuchus fut baptisiez.—*Item*, la cité de saint Cornille.— *Item*, la cité de Gazée, de laquelle saint Sanson porta par nuyt les portes sur une montaigne, et voit-on en icelle cité la maison où les Philistiens sy querroient saint Sanson, dont saint Sanson print la colompne qui soustenoit toute la maison et l'emporta, dont il occist de gens moult de milliers.—*Item,* à cincq mille de Gazée est la rue de Thabita où fut nez saint Hilarion. — *Item,* le mont de Sinay, que on dist Oreb, ou piet de laquelle y a une esglise de Sainte-Katherine et là se repose le corps de icelle Sainte. — *Item,* où Moyse vèu le buisson flambant et qui point ne ardoit. — *Item,* le sépulchre de saint Jehan Climacy. — *Item,* ou vergier d'icelui moustier est le lieu où Aaron fist l'ydole aux enffans d'Israël, quant Moyses estoit en la montaigne. — *Item,* où Hélyas, le prophète, fist sa pénitance en Oreb. — *Item,* où Moysés se muchoit pour la cremeur qu'il avoit quant il parloit à Dieu. — *Item,* où Moyses jeusna quarante jours. —*Item,* où Moyses reçeut les tables de la loy +. — *Item,* ung petit moustier de Sainte-Katherine où il y a ung autre vergier ouquel est le lieu où saint Oursins fist ses pénitances et morut. — *Item,* le mont de Sainte-Kathérine, en la haulteur duquel est le lieu où les Angèles mirent le corps de ladicte sainte. — *Item,* la pierre que Moyses frappa dont grans fuisons de eaues yssirent. — *Item,* Ramasso, qu'on disoit jadis Eliz, où il y a douse fontaines et soixante dix palmes. — *Item,* la mer Rouge. — *Item,* est Babille, la petite, située en la terre d'Egipte, près de laquelle est une autre cité nommée le Caire de Massère; et y a en celle Babillonne une esglise de la vierge Marie, en laquelle elle, avecq son enffant Jhésu-Crist et Joseph, fut par l'espace de sept ans fuyans la persécucion que faisoit Hérode. — *Item,* l'esglise de Sainte-Marie de la colompne. — *Item,* l'esglise de Sainte-Barbe et où fut son corps ensepvely. — *Item,* la vigne de balsme. — *Item,* le fleuve du Nyl qui vient de paradis terrestre. — *Item,* les greniers de Pharaon. — *Item,* l'esglise de Saint-Anthoine et de Saint-Pol, premier hermite, et de Saint-Machaire et de Saint-Pachômen, et des autres sains pères. — *Item,* Alexandre la nœufve, située en la rive de la mer d'Egipte, et en icelle est le lieu où sainte Katherine fut martirisé. — *Item,* le lieu où fut martirisez saint Jehan élémosinaire et patriarche Alexandrin. — *Item,* Alexandre la vielle, en laquelle est l'esglise de monseigneur saint Marc, éwangeliste et le lieu où il fut martyrisiez — *Item,* la cité de Damast qui est loingz de la mer de Surie à trois journées, et près d'icelle cité est le lieu où Jhésu-Crist dist à saint Paul : «*Saule, Saule, cur me persequeris?* » — *Item,* la maison en laquelle saint Paul fut par trois jours sans estre trouvez, en son commencement ne mengeant, ne beuvant, et là fut baptisiez. — *Item,* la maison de Ananie, disciple de Dieu, qui baptisa saint Paul. — *Item,* ou mur de la cité appert encores une fenestre par laquelle saint Paul issy. — *Item,* près de Damast est le fleuve Dabua ou trespas duquel saint Eustace envoya ses enffans. — *Item,* le moustier et l'esglise Sainte-Marie-Sardenay. — *Item,* le val de Noë ouquel Noë fist l'arche, et, après le déluge, y planta une vigne et sy habita en Damast. — *Item,* la cité de Baruth est située sur la marine de Surie, près de laquelle, à une mille, est le lieu où saint George desconfist le dragon. — *Item,* l'esglise de Saint-Sauveur, en laquelle advint ung beau miracle des Juifz qui trouvèrent en ung tablet l'ymaige de Nostre Seigneur pourtraitté, sy comme il morut en l'arbre de la croix, sy le frappèrent et tantost en issy le sang, et adonc quant ilz veirent le miracle ils se firent baptisier et se firent Cristiens. *Item,* l'isle de Cyppre est devers la mer de Surie, en laquelle fut une cité nommée Constance, où fut le pallais du roy Constant, père de sainte Katherine; et encores y voit-on le lieu où sainte Katherine fut née. — *Item,* une montaigne sur la haulteur de laquelle a une esglise où on monstre le corps du bon larron. — *Item,* la croix de saint Hilarion. — *Item,* où saint Bernabé appostre fut ars.

Cy-après s'ensieut la visitacion de la cité d'Alexandrie et de la situacion d'icelle.

Item, est-à-sçavoir, à l'arriver par mer en Alexandrie, au plus cler temps qu'il soit, on ne voit les terres que de vingt à vingt cincq mille loings au plus loing, pour les terres d'Egipte, qui sont sy basses et sy plaines, et voit-on plustost la ville que les terres pour deux montaignes de terre qui sont dedens la fermeté d'icelle, qui en donnent la cognoissance, dont la plus haulte des deux est séant à la dextre à l'arriver, au plus près des murs par dedens sur le viel port, et est gresle et quarré à fasçon d'un dyamant, sur laquelle y a une tourette de la garde qui descoeuvre toute la ville, les pors et la circuitté autour, et l'autre siet à l'arriver à main senestre, au bout de la ville par dedens allant vers le Kaire et n'est pas sy haulte, mais est plus grosse et est beslongne sur la devallée, au plus hault de laquelle il y a ung moustier de Sarrasins, nommé Mousquaye, sy s'étent petitement, et peut peu descouvrir. — *Item*, à l'arriver, dix mille parfont en la mer, loings de la ville, est le fons de vingt à vingt cincq braches de parfont, et y a là pour tous gros navires bons fons, venant de là jusques à la bouche du port nouvel; auquel nouvel port les Cristiens et toutes autres nacions ont usance de arriver pour marchandise, et non ou viel.

La visitacion du viel port d'Alexandrie, en Egipte.

Il est-à-sçavoir que en Alexandrie a deux pors, c'est-à-sçavoir, le viel et le nouvel. Et demeure le viel à l'arriver à main droitte du nouvel, et viennent tous deux iceulz pors batre aux murs de la ville, et y a, en manière d'une langue de terre, environ d'une mille de largue entre iceulz deux pors dessusdis. — *Item*, dedens le viel port n'ose entrer nulle navire de Cristiens, ne nul Cristiens, par dedens la ville, ne par dehors, ne l'ose approuchier depuis environ soixante ans, qui fut l'an vingt et deux, ouquel an le roy Pierre de Cyppre la print par ce lieu là, pourquoy on peut ymaginer que ce lieu là est le plus avantaigieux. — *Item*, trouvay par informacion, non pas que je aye esté dedens, que le viel port est plat et n'y peut entrer plus gros navire que de deux cens bottes, gallées plattes, fustes et petites navires; et est bien large environ de une mille, et est plat et dangereux fort à ung canal, qui est à l'arriver à main dextre, au plus près des terres; et siet icelle entrée parmy le vent de west-zuut-west, et par où peut entrer seurement la navire dessusditte. — *Item,* est ledit viel port de fasçon beslong, et est grant environ de sept mille de tour, ad ce que on peut clèrement veoir à l'œul, et est dedens sçeur pour tous vens, sy non pour ung gros vent de west-zuut-west. Et vient icelui port batre aux murs de la ville à une moult grosse tour noeufe où le soudan se loge quant il vient en la ville d'Alexandrie. — *Item,* ou lieu où icelui viel port vient batre aux murs de la ville, il n'y a autre fossé que la mer, et n'y a que le seul mur de la ville, et tout cecy se peut veoir par exemple. — *Item,* n'est point fermé de chaienne, ne d'autre chose, ledit viel port.

La visitacion du nouvel port de la cité d'Alexandrie.

Item, ou port nouvel arrive tout le navire, qui vient en Alexandrie, et est l'entrée d'icelui de sept à dix braches de parfont et environ une mille de large, et siet parmy noot-noord. Et est tout le dit port grant environ de six mille de tour, et est de fasçon un peu beslong, et vient la mer batre dedens icelui port ainsy que on y entre à main senestre au mur de la ville, ouquel lieu l'eaue est moult plate, comme il samble, et semée de grosses pierres, et là ne ose approchier nulle navire de Cristiens. — *Item,* à l'environ de ce lieu là, par dedens les murs de la ville, joignant là, y a au long du mur une alée qui est comme chastel, où demeure l'admiral de Alexandrie, et en ce lieu là où la mer bat au mur il n'y a nul fossé, ne autre fermeté que le mur premier. — *Item,* depuis l'entrée du port à mesure que on va plus avant dedens, amendrist le fons, et ne peut gros navire aprouchier la terre, ne la ville dedens, plus près que à demy mille, et en ce lieu là communement ancrent les nefz, et y est le fons environ de deux braches de parfont, et de là en avant jusques en terre y fait moult plat, et y a ou dit port pluisieurs lieux sy plas que la terre y appert en aucuns lieux dehors, mais qui a bon pillot il y a deux lieux où il fait bon pour sourdre gros navires, et n'y peut nuire autre vent que noord et noord-ost, et encores par très-grosse fortune, et pou advient que nul vent y face dommaige. — *Item,* à l'entrée dudit port, à chascun lez sur la terre ferme qui le clot, y il a assis une mousquaie de Sarrasins, dont l'une est habitée et l'autre non, et tout cecy se monstre plus vivement par l'exemple qui y est fait. — *Item,* depuis celui lieu où la mer laisse abatre au mur, en montant à main dextre jusques à la grant porte de la ville, estant sur ledit port en terre ferme, il y a ung fossé cuirié droit à plomb, large environ de cincquante piez, plain d'eaues et ne samble guaires parfont. — *Item,* d'icelle porte montant à main dextre encore plus à mont, jusques à une tour cornière, où la mer du viel port vient batre, il y a brayes dessoubz les grans murs et deux paires de fossez, dont le premier vers la mer n'est gaires parfont, et n'y a point d'eaue, et l'autre, joingnant les murs, est cuiriez à plomb comme le premier dessusdit, et y a de la dessus=dicte grant porte jusques à ladicte tour cornière, au long du mur, bien cincq grosses tours, que quarrées, que rondes sans la porte, ne sans ladicte tour cornière. — *Item*, n'est celluy nouvel port point fermé de chayenne, ne d'autre chose. — *Item*, entre le nouvel port et le viel il y a, environ une mille devant la ville en la mer, ung lieu qui fait la closture des deux pors, lequel est plain de musquaies et là est armeurière des Sarrasins, lequel lieu seroit bien avantaigeux a y dreschier et assir pourtrais et autres habil=lemens. — *Item*, est Alexandrie très-grosse et grant ville en païs plain, assise d'un costé sur les deux ports dessus dis sur la mer, et très-bien emparée, très-bien fermée tout autour de hault murs, et y a grant fuison de tours espesse-ment assises, que quarrés, que rondes, toutes à terrasse.— *Item*, au dessus des grans murs, il y a tout autour braies et tourelle espessement assises, et y a en oultre fossez cuiriez de machonnerie à plomb par tout entour, en tout es lieux cy-dessus exceptez et ny a point d'eaue en icelle mais samblent larges de cincquante à soixante piez, de parfont de vingt quatre à trente. — *Item*, est ladicte ville assise en terre ferme, bonne à miner, et sont tous les murs, tours, brayes et les maisons de la ville de blanche pierre et dé=froyans, non pas croye.—*Item*, est ladicte ville creuse toute par dessoubz, toutes les rues et les maisons; et y a conduiz dedens machonnez par arches, par où les puis de la ville sont abeuvrez de la rivière du Nyl une fois l'an. Et si ainsy n'estoit ilz ne auraient point d'eaue fresche en la ville, car pou y pleut ou néant, et n'y a puis, ne fontaines naturelles en la ville. *Item*, à trente mille près d'illecq, partant d'un villaige, nommé le Hathse, sur le Nyl, il y naist une fosse faitte à la main qui vient à une mille près de la ville au long des murs et va cheoir dedens la mer du port viel, par lequel tous les ans en la fin d'aoust, ou par tout le mois de septembre, la rivière du Nyl qui en ce temps là croist habondamment, vient remplir tous les puits de la ville pour ung an, et les puis de dehors, dont les gardins sont arrousez; et y a parmy zuut-west, à une mille près de la rivière dessus ditte, ung greil de fer ou dit fossé où commencent les gardins, par où l'eau ditte vient en la ville, et s'ainsy n'estoit, comme dit est devant, ilz mourroient de fain et de soif en la ville, car il n'y pleut point, et n'y a ne puis ne fontaines naturelles, fors seullement quatre grandes cisternes pour eaue, se mestier estoit.—*Item*, sont grant partie des murs ouvrez par arches par dedens non pas emplis, et y a allées dessus pour deux hommes aller de front, et ne samblent point lesdits murs espés parmy les alées plus hault de sept piez, et par bas entre les arches plus hault de quatre où de cincq piez, et les créniaulx d'amont dessus les allées plus hault de deux et demy, lesquelz créniaulz de toute la ville sur tours, sur murs et sur brayes sont tous fais à demy rons. Et n'y a par dessus les murs, par dedens la ville, comme il samble veoir, nulles terres, ne dicques, dont ilz puissent estre fortiffiez que de eulz mesmes. — *Item*, samblent les tours, à veoir parmy les arches, moult peu espesses, comme vray est; car bien le ay sçeu par informacion, et n'y a murs, ne tours qui chose du monde tenissent contre gros canons. — *Item*, est la ville très-longue de ost à west, et estroitte de zuut à noord, et peut avoir environ six mille de tour et est moult peuplée de maisons très-haultes, toutes faittes dessus à terraces, et sont moult gastées et moult decheues, espécialement es rues foraines et envers le viel port, où elles sont toutes vuides et desemparées, et pour ceste chose en partie n'y laisse-on point aler aucuns Cristiens, et sont les rues meschantes et estroittes, excepté deux où trois grans rues où leurs marchiez de vivres sont. — *Item*, en icelle grans rues on y voit assez de gens, mais par toutes les autres rues foraincs on n'y voit comme nulluy, et est ainsy comme despoeuplée et allée au néant. — *Item*, nul Cristien ne ose approuchier les deux montaignes qui sont par dedens la ville. — *Item*, sur ledit port nouvel y a trois portes, c'est-à-sçavoir, toutes à main senestre, ainsy que on descent, dont l'une par où on entre, est une petite porte, nommée le Douaire, qui ne se oeuvre que trois fois la sepmaine, et par icelle font entrer toutes leurs marchandises, excepté le vin qui entre par la grant porte commune. — *Item*, est l'autre porte plus à main droitte ensieuvant, et est là le chennal où on met les galées quant il en y a et les fault tirer par terre environ le trait d'un arbalestre sur la terre. — *Item*, pour l'heure que je y fus il n'y avoit nulles gallées, ny fustes de guerre. — *Item*, encores plus à main dextre il y a une aultre grant porte commune par où communement tout homme passe, et par celle porte, de lez les murs, il y a assis ung très-grant couillart, et est icelle porte grande et double de deux tours toutes quarrées, et en entrant en icelle on va entre deux haulz murs le trait d'un arcq et passe-on deux autres portes, dont l'une se ferme chascun jour, avant qu'on soit au fort de la ville. — *Item,* il y a encore de l'autre bende de la ville deux autres portes ouvertes chascun jour, l'une parmy zuut-ost, et l'autre parmy est-noord-ost qui va vers Alexandrie la ville, et vers le Kaire, et par celle porte ne laisse-on passer nul Cristien, ne sçay se c'est pour la grosse montaigne qui est là près. — *Item,* sont icelles deux portes moult belles à doubles tours quarrées. — *Item,* y a en hault sur les terrasses de pluisieurs tours qui sont autour de la ville des couillars tous dreschiez, et en y a encore dix en pluisieurs tours entour. — *Item,* ay sçeu par informacion, qu'il y a assez foison d'arcbalestriers de Rommaigne et assez de petis canons dedens la ville, mais non mie nulz gros, mais y a grant nombre d'arcbalestriers. — *Item,* à l'autre lez de la ville, à l'opposite de la terre qui est entre les deux pors, y sont les murs de la ville longs et drois, et les tours y sont grandes, mais loings sont l'une de l'autre, et au long de iceulz murs, au trait d'un arcbalestre près, sont toutes montaignes de terre, et oultre sont gardins et palmiers à l'environ de la ville. — *Item,* n'y a en toute la ville nulle place où on se puist recoeullier et est toute plaine de maisons sy non sur les deux montaignes. — *Item,* y a pluisieurs marchans Cristiens dedens la ville qui là demeurent, en espécial Venissiens, Gênenois et Catelans, qui y ont leurs fontèques, comme maisons grandes et belles, et les enferme-on là dedens, et tous les Cristiens chascune nuyt de haulte heure, et les matins les laissent les Sarrasins dehors de bonne heure, et pareillement sont enfermez tous les vendredis de l'an, deux ou trois heures le jour, c'est-à-sçavoir à midy quant ils font leur grant oroison; et y a autres couchiers d'Ancône, de Naples, de Marseille, de pélerins et de Constantinoble, mais à présent n'y a nulz marchans. — *Item*, y a une maison plaine de viel harnas de Cristiens, et tout le nouvel que on donne au Soudan, où qu'il gaigne sur les Cristiens, est là mis.

Cy s'ensieut la visitacion du bras du Nyl devers Alexandrie, dont la bouche s'appelle Rosette.

Il est-à-sçavoir que de Alexandrie jusques à la bouche du bras du Nyl, appelé Rosette, il y a trente et cincq mille par terre, et par mer y a bien soixante mille pour les terres qui se boutent en mer, et est Rosette ung grant villaige de bricque assez bon, assis droit sur la rivière du costé vers Alexandrie à cinq mille près de ladite bouche, où elle chiet dedens la mer, et y a en icelle bouche une petite islette deshabitée qui part ladicte bouche en deux, et est celle devers Alexandrie la plus grande et la plus parfonde comme j'ay sçeu par information, car nul Cristien n'y ose aler, et y a bonne entrée pour gallées et pour plattes fustes. — *Item*, de Rosette, c'est le port, comme on dist, qui est plus près de la marine et où moult de germes arrivent tant du Kaire qui vont en Alexandrie, comme d'Alexandrie au Kaire, et là sont les mariniers et tout quauques, il y a plus avantaigeux et qui mieulz sçevent le fait de la bouche de Rosette qui en aurait à faire; et de tout le convenant du bras de la rivière, qui descent à Rosette sçevent iceulx maronniers, car à grant paine trouveroit-on Cristien quelconcque, comme j'ay oy dire, qui bien sçevist la nature d'icelle bouche et rivière pour ce que d'Alexandrie, ne de ailleurs, ne voeulent souffrir que nul Cristien y voist, comme ceulz qui tous jours doubtent la concqueste. — *Item*, de Rosette en alant sur la rivière au Kaire y a bien deux cens mille par eaue pour la rivière, qui tourne sy fort d'un costé et d'autre par tous vens, et par terre en allant tout droit n'en y a que cent et vingt. — *Item*, est-à-sçavoir que sur ladicte rivière, d'une bende, et d'autre y a pluisieurs gros villaiges et portz en alant au Kaire, entre lesquelz il y en a quatre ou cincq sy comme Utesinne et Derut, qui siéent à bende droitte en montant vers le Kaire, et le Fonna qui siet à bende senestre qui est une très grosse ville non fermée. — *Item*, plus hault que Derut vers le Kaire, de celle bende, siet ung villaige nommé le Hatfe où commence la fosse qui maine l'eaue du Nyl en Alexan=drie, et est à vingt mille de Rosette ou environ. — *Item*, sur le bras de la rivière y a pluisieurs isles habitées et labourées, comme l'isle d'Or, où croist foison de chucre, et l'isle de Benignas, qui a bien quarante mille de long, et l'isle de Génosie grande et longue, et y à pluisieurs autres meschantes et petits isles, dont ce livre cy ne fait point de mencion, pour ce que par le gect de l'exemple de la rivière qui sur ce est faitte le pourra on veoir plus à plain. Aussy est-à-sçavoir que il y a pluisieurs menus villaiges tant de povre habitacion, sy comme de bonne, assis dessus et près au gect d'un canon, ou d'une mille, de la rivière, fustes ou germes ne y peuvent venir, et de ceulz-cy en y a sans nombre, et sont les plus grans villaiges de bricques et les autres, comme maisons des Tartres, rondes comme fours, fais de kaiges et placquiez par dessus. — *Item*, est-à-sçavoir que depuis Rosette, en alant au Kaire, sur la rivière, il y a en pluisieurs lieux très-plas fons, espécialement vers le temps de febvrier, mars et apvril que la rivière est moult basse, et n'y peut passer en ce temps là une galée, car les germes qui sont toutes plates de fons et mesmes les plus petites en pluisieurs lieux s'arrestent sur le fons. — *Item*, cest article ne fait plus avant mencion de la nature des bras de ceste rivière, pour ce que en l'article qui parle du bras de Damiette, qui sont aucques d'une mesmes nature, en parle plus à plain cy-après ensieuvant.

Cy-après s'ensieut la visitacion du Kaire.

Item, est le Kaire, la maistresse ville d'Egipte, assise sur la rivière du Nyl qui vient de Paradis terrestre, et ne vient point plus près de la ville que à Boulacq, où il y a environ trois milles. — *Item*, Boulacq est ung villaige joignant à Babillonne et sont là les maisons d'iceluy assises et fondées sur le bort de la rivière. — *Item*, est-à-sçavoir que le Kaire, Babillonne et Boulacq furent jadis chascune ville à par lui, mais à présent s'est tellement édiffiée, que ce n'est que une mesme chose, et y a aucune manière de fossez entre deux plas sans eaue, combien qu'il y a moult de maisons et chemins entre deux, et peut avoir du Kaire à Babillonne trois mille et de Boulacq au Kaire trois mille. — *Item*, est la ville du Kaire, très-grande ville à merveilles, et a bien parmy Babillonne trois lieues franchoises de long et une lieue et demye de large, et appert moult trop plus grande, mais elle est forment alée à destruction, et espécialement depuis environ vingt ans avant que je y fus; elle est moult plaine de poeuple et très-marchande, et y a marchans de Inde et de toutes les parties du monde, et est la maistre ville capital de tout le païs du Soudan, comme d'Egipte, de Surie, de Sayette et de toutes ses seignouries, et là où il fait sa résidence. — *Item*, au bout de la ville du Kaire, dessoubs une montaigne, il y a un très-beau et gros chastel, bien muré, et dedens fort plain de maisons, ouquel le Soudan demeure, et vient l'eaue de la rivière du Nyl en aucuns lieux dedens les fossez autour par conduitz de fossez fais à la main, et est celui chastel assis hault sur roche, au dessoubz de la montaigne, et est près en la fin du Kaire, vers Babilonne. — *Item*, est la ville du Kaire fermée de murs en aucuns lieux par dehors, et en la plus grant partie ne voit-on portes, ne murs, car joignant les murs ont partout maisons et édefices et dedens les fossez et ailleurs comme faubourgs, pourquoy elle ne semble point fermée, combien que sy soit tellement que on ne peut entrer en la droitte ville de nulle part que parmy portes qui se ferment de nuit. — *Item*, il y a grand fossez fais à la main qui viennent de la rivière du Nyl par entre le Kaire et Babilonne par où chascun an, quant la rivière croist, la ville, les gardins et tout le païs est abreuvez. — *Item*, sont les fondacions des maisons de pierre, de bricque et de terre cuite et les combles de quesne et de méchant marrien placquiez de terre legières à ardoir, et sont les combles moult hault, tous à terrasses, et moult y a de maisons et estroittes rues. — *Item*, en allant vers la marine, où le balsme croist, il y a bien deux milles de loing et une mille de large de maisons abatues et désolées par mortalité et aussy devers Babilonne et devers Boulacq, comme dit est. — *Item*, est toute la ville assise sur bonne terre vive pour fosser et pour miner, excepté le chastel qui est sur roche. — *Item*, est ledit chastel moult grant comme une ville fermée, et y habite dedens avecq le soudan grant quantité de gens, en espécial bien le nombre de deux mille esclaves de cheval qu'il paye à ses souldées comme ses meilleurs gens d'armes à garder son corps, femmes et enffans, et autres gens grant nombre. — *Item*, est ledit chastel moult fort assis sur les murs de la ville à yssue et entrée dedens et dehors, et a bien partout deux paires de murs et devers la ville une belle et grande bassecourt moult notablement fermée de beaulz murs, et ausdis murs grant foison de belles tours et grosses, rondes et quarrées, et fault depuis la première porte passer moult d'autres portes avant que on soit ou maistre-donjon dudist chastel. — *Item*, y a fossez autour ledit chastel, et nonobstant qu'il soit hault assis, et que la rivière soit basse, sy y vient l'eaue par engiens de puichs à roes tournans par force de boeufz, qui vont autour grant partie desdis fossez. — *Item*, entre le chastel et la ville y a une moult grande place et belle, comme est ung marchiet, et autour d'icelle y a quatre ou cincq musquaies de grosses pierres, édefiées qui sont à ung trait d'arbalestre du chastel. — *Item*, peut mauvaisement oudit chastel nul Crestien, sy ne peut-on sçavoir les choses dessusdictes, synon en partie par informacion et le surplus par ce que je en peus veoir et considérer. — *Item*, au Kaire, ne en tout le païs d'Egipte pleut moult peu souvent.

Cy s'ensieuvent les condicions et nature des soudans de Babilonne; de leurs admiraulz et esclaves et des Sarrasins d'Egipte; de la nature des païs d'Egipte et de Surie; et premièrement :

Il est-à-sçavoir que en tout le païs d'Egipte, de Surie et de Sayette communément il n'y a que ung seigneur, c'est-à-sçavoir ung soudan de Babilonne qui domine sur tout. — *Item*, ne se fait icelui soudan jamais naturellement de la nacion de nulz d'iceulx du païs, pour ce que les gens d'iceulz païs sont trop meschans et de trop foeble condicion à bien garder leur païs, comme ilz dient, ainchois le font d'aucun admiral esclave, qui par le sens, vaillance et grant gouvernement de lui se sçaura tellement advanchier qu'il aura acquis puissance et amis du soudan et des autres amiraulz et esclaves, sy que, après la mort du soudan, par les choses dessusdictes il sera seigneur. Et est ainsi que par puissance et par parties qui le soustiennent, et nonobstant cesy est-il tousjours en doubte et péril d'estre bouté dehors par aucun autre dit admiral qui sera puissant autour de luy, soit par trahison ou par autres bendes qui seront favorables à celui admiral contre luy. — *Item*, nonobstant ce depuis que ledit soudan aura régné et dominé grant temps, nonobstant ce qu'il ait des enffans, et qu'il ordonne en son vivant que ung de ses ditz enffans soit seigneur et soudan après lui, et que les grans admiraulz l'ayent tous accordez, sy advient il trop peu souvent que icelui filz puist, après le soudan, venir à la seigneurie, ainchois est prins et mis en prison perpetuelle ou estranglé couvertement ou empoisonné par aucun d'iceulz admiraulz, et est icelle seignourie très-perilleuse et très-muable. — *Item,* et autant de temps que je fus en Surie il y eut cincq soudans. — *Item,* a tousjours, sy comme on dit, ledit soudan de Babilonne, tant au Kaire, comme assez près là, environ dix mille esclaves à ses gaiges qu'il tient comme de gens d'armes qui lui font sa guerre, quant il en est mestier, montez les aucuns à deux chevaulz, les aucuns plus, les aucuns moins; et est-à-sçavoir que iceulz esclaves sont d'estrangers nacions comme de Tartarie, de Turquie, de Bourguerie, de Honguerie, d'Esclavonnie, de Wallasquie, de Russie et de Grèce, tant des païs Cristiens comme d'autres, et ne sont point appelez esclaves du soudan, s'il ne les a achetez de son argent, ou ne lui sont donnez ou envoyez en présent d'estranges terres. Et en ces esclaves cy se confie le soudan totalement pour la garde de son corps et leur donne femme et gazalz, chevaulz et robes, et les met de jeunesse sus petit-à-petit, en leur monstrant la manière de sa guerre, et selon ce que chascun se preuve il fait l'un admiral de dix lances, l'autre de vingt, l'un de cincquante et l'autre de cent, et ainsy en montant deviennent l'un admiral de Jhérusalem, l'autre roy et admiral de Damasq, l'autre grant admiral du Kaire, et ainsy des autres offices du païs. — *Item,* est-à-sçavoir que iceulz esclaves sont tous seigneurs des drois sarrasins du païs natifz, et ont loy et liberté en acheter et vendre, et en tous autres avantaiges devant eulz et les dominent et batent, sans ce que autre justice en soit faitte, comme se c'estoient leurs mesmes esclaves et sont tous comme seigneurs du païs, et est-à-sçavoir que communément les drois sarrasins natifz du païs bien peu se meslent des grans gouvernemens des bonnes villes espécialment en Egipte, ains y gouvernent tous les esclaves. — *Item*, quant le soudan fait guerre contre quelque admiral rebelle, ou aucuns de ses ennemis, quelque battaille ou effroy qu'il y aye, est-à-sçavoir que nulles des communes des bonnes villes ne s'en moeuvent, ne des laboureurs, ainchois fait chascun son mestier et sa labeur, et soit seigneur qui le peut être. — *Item*, quant iceulz esclaves vont en guerre ilz sont tousjours de cheval, armez seullement de cuirasses meschantes, couvertes de soye, et une ronde huvette en la teste, et chascun l'arcq et les flesches, l'espée, la mache et le tambour pour eulz rassambler, comme trompettes, et aussy quant ilz voient leurs ennemis en bataille, ilz sonnent tous à une fois iceulz tambours pour espouvanter les chevaulz d'iceulz. — *Item*, sont le surplus des autres Sarrasins natifz du païs, en espécial d'Egipte, meschans gens vestus d'une chemise sans chausses, sans brayes, une tocque sur la teste. Et quant aux communes du plat païs ilz ont pou arcs, ne flesches, espées, ne choses nulles de deffence, et est grande meschansteté que de leur fait; mais il y a une autre manière de gens nommez Arrabes, qui grant partie habitent ès désers et en pluisieurs autres lieux en Egipte, lesquelz ont chevaulz et cameulz et sont très-vaillans gens au regard desdis Sarrasins, et se treuvent grant quantité, et font les aucuns à le fois guerre au soudan mesmes, et sont gens de povres vivres et de povre habit et n'ont autres armures que une longue lanchette et gresle, comme dardes ployans, et ont unes targes en manière d'un grant boucler, mais ilz sont trop plus vaillans que les Sarrasins, combien que eulz-mesmes tous sont de la secte de Mahommet, et font seigneurs et admiraulz d'eulz-mesmes, et souvent font grosse guerre l'un contre l'autre, et n'ont villes, ne maisons, ains dorment tousjours aux champs dessoubz huttes, qu'ilz font pour le solleil, et de ceulz-cy se le soudan en avait à faire contre Cristiens, n'est point de doubte qu'il en trouveroit assez. — *Item,* est-à-sçavoir qu'en tout le païs d'Egipte en bonnes villes ou aux champs, il y a grant quantité de Cristiens desquelz fay peu de mencion pour ce que peu de prouffit pourroient faire aux Cristiens servans à la matière.

Cy-après s'ensieut la difference des païs d'Egipte et de Surie.

Item, il y a difference entre le païs d'Egipte et de Surie, car Egipte sy est plain païs et ouvert; et Surie sy est païs rusquilleux et plain de montaignes; et sont communement les Sarrasins de Surie, natifs du païs, meillieurs gens d'armes, plus vaillans et plus habilles en fait de guerre et pour la deffense du païs que ne sont ceulz d'Egipte, et se treuvent grand quantité de iceulz Sarrasins de cheval assez bien montez, chascun ayant l'arcq, les flesches, l'espée, le mache et le tambour, et espécialement depuis les marches de Gazère et de Jhérusalem, au long de la marine, en venant vers Baruth et vers Tripoly, et entre les montaignes alant de la marine à Damasq à Halep, et parmy ledit païs, qui est moult grant. — *Item*, pareillement comme au païs d'Egipte il y a autour de Damascq et de Jhérusalem, en pluisieurs lieux en Surie, enmy les champs et par les montaignes, Arabes habitans, dont en temps de guerre les aucuns et pluisieurs se tiennent montez sur chevaulz et sur cameulz pour aydier leur seigneur habilliez, comme dit est, pour la deffense du païs. — *Item*, autour de Damascq et de Halep, en ladicte Surie, y a encore une autre manière de gens nommez Turquemans, natifz de Turquie, qui par le congiet du soudan habitent le païs et changent souvent habitacion de lieu à autre, ayans femmes, enffans et bestiaulz, lesquelz sont en grant quantité, montez d'assez bons chevaulz ayans bons arcqs, flesches, espées et tambours et maches, et aucuns ont targes. Et sont iceulz Turquemans sans comparoison meilleurs et plus vaillans aux champs que les Arabes, ne que les Sarrasins du païs, ne encores que les esclaves, et sont grandement et trop plus doubtez; et sont iceulz Turquemans, pretz au plaisir dudit Turcq et soudan.—*Item*, au long de la marine de Surie ont communément les communes de piet l'arcq et les flesches, et pluisieurs en y a qui ont espées. Mémoire que en Surie pleut trop plus que en Egipte, en espécial autour de Damasq et sur la marine venant de Jaffe à Tripoly.

Cy s'ensieut la nature de la rivière du Nyl, et la visitacion d'icelle depuis deux journées au deseure du Kaire jusques au port de Damiette.

Mémoire que la rivière du Nyl est très-doulce eaue et très-saine et queurt doulcement et non pas trop rade, et vient devers les parties d'Inde et de Paradis terrestre, comme on dist, et passe au long d'Egipte et vient par-devant Babillonne passer à trois milles du Kaire, vers la mer, et passe devant Boulacq. — *Item*, environ à dix mille au dessoubz du Kaire vers la mer se départ ladicte rivière en deux bras très-gros et tous deux viennent cheoir en la mer; l'un à ung lieu nommé Rosette, qui est à trente et six mille près d'Alexandrie par terre, et en y a soixante et dix par mer, et l'autre bras vient cheoir en la mer de Damiette. — *Item*, est-à-sçavoir que ceste rivière du Nyl croist, tous les ans sans faillir, une fois l'an, au-dessus des bors, sy haulte qu'elle arrouse les terres d'environ deux ou trois mille parfont ou pays, et tant plus hault monte-on au dessus du Kaire et tant plus hault croist, et tant plus aproche-on devers Alexandrie, ou vers Damiette, sur tous les deux bras et tant moins croist en haulteur, car plus elle vient devers la mer et plus s'espart de tous costez en lieux plas et larges, en fossez, en puichs et canaux, qui sont faits à la main d'une bende et d'autre de la rivière, lesquelz arrousent les villaiges, les gardins et le païs entour. — *Item*, quant la rivière est en celle haulteur on retient l'eaue par escluses et trenchis, dont on arrouse le païs en la nécessite au temps, que l'eau s'est remise en son plus bas degré et que la grant sécheresse vient. — *Item*, est-à-sçavoir que ceste rivière est tous les ans au plus bas en la fin de may et en l'entrée de juing; et tousjours sans faillir, du septième jour de juing jusques au dousième, elle commence à croistre, et croist petit-à-petit et s'en perechoit-on telle nuyt qu'elle est creute encore de ung pauche, telle nuit de deux, telle nuit de trois, et telles nuys de quatre, et aussy telles quatre ou cincq nuys riens ou bien peu, et ainsy son croistre ne tient point de rieule, mais tousjours elle ne fault point de estre au plus hault en la fin d'aoust, ou par tout le mois de septembre, et en icelle haulteur que guaires plus ne croist ou amenrist. Elle se tient bien deux mois, et puis ainsy comme elle est creute sans rieule, en telle manière décroist-elle sans rieule petit-à-petit et tant qu'elle revient au plus bas degré au jour dessusdit. — *Item*, quant elle est au plus bas elle n'a en pluisieurs lieux que bien peu d'eaue de parfont, comme cy-après on parlera plus avant. — *Item*, il y a au Kaire, droit devant Babillonne, emmy la rivière une yslette, petite, très-bien habitée, fermée autour de maisons, où il y a une maison basse, fondée en l'eaue en laquelle a ung pillier de marbre où l'eaue de la rivière vient frapper, lequel est enseignié de pluisieurs enseignes de trés qui sont pauchz, palmes, piez et picques, et par ce pillier cognoist-on ausdites enseignes quant la rivière croist et quant paulchz ou quantes palmes, quans piez ou quantes picques, chascune nuit elle est creute. Et y a ung propre maistre pour ce cognoistre, aux gaiges du soudan, qui va crier parmy le Kaire la cruchon de l'eaue pour resjouir le poeuple. — *Item*, quant elle vient à sèze picques de hault ou dit pillier, le poeuple du Kaire fait joye; et monte le Soudan sur une galée à ce ordonnée et va luy-mesmes retaillier et ouvrir la bouche d'un grant fossé fait à la main, qui part de la rivière et passe parmy Babillonne, et lors par là se espart l'eaue du Nyl par pluisieurs petis bras et fossez parmy le Kaire et gardins, et ou païs autour; et quant la rivière se décroist lors on relièvе et restoupe-on icelle bouche, et tient-on l'eaue ainsy au Kaire pour toute la saison, car autrement ne pourrait vivre le Kaire. — *Item*, est communément chascun an, environ l'entrée de juing, quant elle vient à sèze picques, que le Soudan va ainsy retaillier ledit fossé, et a une picque vingt et quatre pauch de long. — *Item*, depuis ce jour en avant que elle vient à sèze picques elle va en croissant tousjours jusques au temps dessusdit en fin de septembre, et vient à dix-sept picques, à dix-huit, à dix-noeuf et à vingt, et pou de saisons adviennent qu'elle ne viengne à vingt, ou environ. — *Item*, quant elle passe vingt, tout le païs estant sur la rivière est noyez, et quant elle ne vient que à sèze ou dix-sept la terre fructifie peu de biens et ont famine grande en celle saison, mais quant elle vient à dix-huit elle fructifie ung peu mieulz, encore mieulz à dix-nœuf et demy, car alors est-il habondance de tous biens en tout le païs de la rivière, et lors aussy elle est au plus hault que elle peut estre sans tout destruire. — *Item*, je sçeuz par pluisieurs oppinions que la cause pourquoy elle croist ainsy par chascun an, sy est par les très-grans pleuues qu'il fait, environ mars et apvril, cent journées au dessus du Kaire, en la terre du prestre Jehan, où elle passe. — *Item*, sont toutes les maisons et villes autour de la rivière assises plus-hault que la terre plaine, sur tertres et montaignes pour obvier à la cruchon de l'eaue. — *Item*, va ceste rivière du Nyl, au dessus du Kaire, toudis parmy ung païs qui est au Soudan, appellez Sayette, bien quarante journées vers Inde où il y a, comme on dist, de moult grosses villes; et est le païs très-bien habité de bons gros villaiges d'un lez et de l'autre de la rivière, en espécial deux journées partant du Kaire amont la rivière jusques à une esglise de Jacobitains, nommée Saint George, laquelle j'ay visité en personne, et le surplus ne sçay que par informacion. — *Item*, y a sur ceste rivière, tout du païs du Soudan, une sy très-grosse quantité de barques alant de l'un à l'autre en marchandise, qui se nomment germes les aucunes, et le plus à voilles latins, et les autres à voilles quarrez, que c'est une infinité, et ne voit-on autre chose qui va amont et aval la rivière, et sont toutes plates de font dessoubz, pour la rivière qui est souvent plate. — *Item*, en ces deux journées il y a pluisieurs islettes, et y est la rivière large le trait d'un canon et parfonde comme au Kaire, et monte amont parmy le zuut sans gaires tournyer. — *Item*, est-à-sçavoir que le bras de la rivière, qui va du Kaire à Damiette tourne très-fort, et y a par eaue bien quatre grosses journées qui valent bien cent et cincquante mille, et est ce bras plus estroit et plus parfont que celui d'Alexandrie et de Rosette, et a communément le trait d'un fort arcbastre et en pluisieurs lieux plus, et néant moins; et en pluisieurs lieux est elle sy platte que tous les cops, les germes, mesmement les plus petites et quy ne sont point chargées, s'arrestent sur terre, et est cette rivière très-faulce de son cours, car aucunesfois est le courant de l'eaue en ung lieu et aucunesfois en ung autre, et ne pourroit-on justement escripre la parfontdeur d'icelle, synon qu'elle est sy plate, quant elle est au plus bas, que mauvaisement y pourroit passer galiotte nulle, sans avoir bon pilot Sarrasin, où fust de Rosette ou de Damiette y pourroit passer toute grosse gallée jusques au Kaire, et non en autre temps. — *Item,* entre le Kaire et Damiette il y a sur le bort de la rivière, d'une bende et d'autre, espessement assis villaiges à une mille ou à deux près de l'autre, au plus loings, desquelz pluisieurs sont pons de germes et de barques, dont il en y a pluisieurs grandes d'icelles villettes ou villaiges, entre lesquelles y est Scommanob, assis de la bende vers Alexandrie, très-gros villaige, et y a arrière de ladicte rivière aussy villaiges très-grant foison, à deux ou à quatre mille parfont au pays, et sont édefiez de terre, de eaue et de meschante bricque, et y est la terre très-bien labourée et grant habondance de blez, d'orges et de fruis dedens terre et peu y a d'autres arbres, fort que palmiers, qui riens ne valent à carpentaige, et n'y a forteresse, tour ne ville fermée. — *Item,* en ces trois journées de rivière y a pluisieurs petites islettes, les aucunes habitées et les autres non. — *Item,* y a foison de cocatrix, et n'y a nulz chevaulz sauvaiges. — *Item,* à vingt mille au dessoubz du Kaire, alant vers Damiette, il y a, partant hors de ladicte rivière, ung autre bras fait à la main nommez le Elberque, qui de la bende de Surie s'enva arrosant le païs autour et va cheoir en ung port de Thênes, dont cy-après sera faicte mencion, et est ledit bras sy plat d'eaue que à paines y peuvent passer petites germes. — *Item*, à douse mille près de Damiette, partant hors de la rivière, il y a ung autre bras de rivière lequel n'est pas grant, mais est fait à la main, qui, en arrousant le dit païs autour, va cheoir pareillement au dit port de Thênes, et est plus plat encores et plus estroit que n'est le Elberque, car n'y a que petites barquettes. — *Item*, je sçeus, par vraye enqueste, que le Soudan ne pourroit destourber le cruschon de ceste rivière du Nyl dessusdicte, mais que le prestre Jehan bien le feroit et lui donneroit autre cours, s'il vouloit, mais il le laisse pour la grant quantité des Cristiens qui habitent en Egipte, lesquelz pour sa cause moroient de faim. — *Item*, est-à-sçavoir que le Soudan ne laisse nul Cristien passer en Judé par la mer rouge, ne par la rivière du Nyl, vers le prestre Jehan, pour la paour qu'il a que les Cristiens ne traittent à lui à ce que ceste rivière lui soit ostée, ou autre chose à lui contraire, car les Cristiens et le prestre Jehan de par delà lui font souvent guerre.

Cy s'ensieut la visitation du port de la ville de Damiette et de la rivière, et des riverettes qui en partent et vont cheoir au port de Thênes.

La ville de Damiette est assise au loing et sur les rives de la rivière du Nyl, vers Surie, à six mille près de la bouche de la mer, en une islette qui de deux lez est enclose, l'un des lez de rivières et l'autre de la mer, et s'estent très longue sur la rivière, mais plus estroitte vers les champs et est très-grande, non fermée de nul costé, synon que toutes les maisons sur la rivière tiennent enssamble, qui de celle bende sont en manière de fermeté, et là au long de l'eaue y a pluisieurs portelettes, tant en maisons, comme autrement, par où l'en charge et descharge la marchandise, et desquelles les aucunes se ferment de nuit, mais les autres non, et y ont pluisieurs maisons leurs huis à leur poste; et est ceste ville ancienne et descheue, édifiée de maisons de mechantes bricques, les fondacions et les combles, qui sont communement haulz, ne sont que de quesque et de terre et ne dureroient rien au feu, et, comme la renommée coeurt, elle est moult despoeuplée, deshabitée et descheue puis vingt ans en sça, et n'y a riens de fort en la ville que les mousquayes, une esglise de Sarrasins qui est peu de chose et une tourelle au dehors de la ville, que on dist que Saint Loys fist faire. — *Item,* à l'opposite de celle thour, bas au bout de la ville, vers la mer, il y a en manière d'un lieu en la rivière plus estroit que nulle part en ladicte rivière au dessus, ne au dessoubz, lequel est moult parfont et n'a que le gect de une pierre d'un bon bras de large. Et en ce lieu là et d'une bende et d'autre de la terre, il samble qu'il y ait lieux très-avantaigeux pour y prestement fonder tours ou chasteaulz, pour la rivière, qui à ce affachonne le lieu et lui avantaige de force, en espécial devant la ville, car il y a dedens l'eaue de très-grant parfondeur fondé murs très-beaulz davantaige, et une petite basse tourelle quarrée et aucunes maisons non pas fortes, que nulz ne garde, et en alant de ce lieu là en la ville monte la terre ung peu en hault, mais sur ung lieu tout propice, qui là est, on pourroit fonder une grosse tour vers la ville, et ne fauldroit que copper ung peu de terre, que la rivière iroit tout autour et enclorroit tout ce lieu là, et seroit fort à merveilles. — *Item*, pareillement à l'opposite entre la rivière il y a commencement d'un lieu très-fort, et y eut jadis une tour fondée en l'eaue que la rivière a abatue, et n'y a autre chose; et qui vouldroit on pourroit en celui estroit là clorre la rivière d'une chayenne ou jusques à la bouche où la rivière chiet en ladicte mer. — *Item*, de ce lieu là, où est le bout de la ville, jusques à la mer, y a six mille par eaue et autant par terre. — *Item*, sont ces six milles par terre tout plain chemin de sablon assez pesant à aller, mais il y a pluisieurs rieux et courans qui arrousent les gardins et le païs, sur lesquelz à venir en la ville il fault passer par petis ponteaulx de laigne et de terre, et trouve-on assez près de la marine et assez près de la ville petis courans, ou milieu du chemin et de palmiers assez largement, et y a de la bouche dicte tout au long du bort de la rivière et vers Damiette, jusques au plus près de la ville jongz et longs roseaux, pourquoy au long d'icelle on ne pourroit descendre, qui ne venroit jusques à la ville, ou qui ne descenderoit à la bouche par petis bateaulz, et là pourroit-on descendre, combien qu'il y fait sy très-plat, tant d'une bende que de l'autre, que s'il faisoit riens de vent ou il y eust riens de puissance devant il seroit très-dangereux. — *Item*, qui en ce lieu là descenderoit pour venir par terre à la ville il fauldroit ung peu tournoyer pour issir hors de la voye desdis jongs et trouveroit les rieux dessusdiz en chemin, que les Sarrasins feroient bien floter d'eaue en une nuyt plus hault par leurs puichs, qu'ilz ont près de la rivière, qu'ilz tirent l'eaue à roes et à boeufz, et y a grant foison d'eaue de fossez là entour autre que desdis puichs, ne de la rivière, car le lacq de Lestaignon vient flotter au plus près du chemin à demye mile à main senestre en alant de ladite bouche vers la ville. — *Item,* droit en ce lieu là, de ladicte bouche du costé vers la ville sur terre, il y a toutes les nuys six hommes de cheval, qui font le guait dessoubz ung appentis de quatre pilliers de pierre, pour les fustes d'armes qui y peuvent arriver. — *Item,* siet le plateur de la bouche de Damiette en la mer comme une mille de parfont et est large de deux à trois mille ou plus, et y a ung canal et cours d'eaue en celle plateur qui tous les ans communèment, quant la rivière croist, se change de lieu en autre, c'est-à-sçavoir par les sablons qui le cours de l'eaüe en emmainnent, et aucunesfois advient que ce dit canal se mue plus d'une fois l'an, par lequel qui veult entrer en la rivière du Nyl il fault entrer et yssir; et est moult périlleux à l'entrée et plus l'issir pour la mer qui redonde contre le courant de la rivière, et n'a ce cours d'eaue et canal que huit palmes de ung quartier la palme de parfont, néant moins et néant plus quant la rivière croist, ou qu'elle est au plus hault, que quant elle est au plus bas. Et y a ung homme de par la ville de Damiette ordonné, qui tousjours tente ou sonde le fons, pour sçavoir quant le canal de la bouche se remue, et est celui le pillot qui monstre aux nefz et aux fustes, qui veulent entrer dedens, le chemin et l'entrée. — *Item,* par ce canal, ayant bon pillot, entrent bien nefz de deux cens bottes et toutes galées et menues fustes, quant le temps est bon et qu'il fait doulz vent venant de la mer. — *Item*, depuis qu'elle ont passé celle dangereuse bouche, il y a bon fons, d'une brache et demye et deux braces de parfont, au courant d'icelle jusques à la ville, au mains, quant elle est au plus bas, et y est la rivière largue d'un trait de canon avant en pluisieurs lieux, mains que plus, et tourne ung petit. — *Item*, environ trois millie de parfont en la mer, oultre celle bouche, il y a, en esté, bon lieu et bon pellaige pour sourgir et arriver toutes grosses nefz, et en ce lieu là il y a quatre braches de parfont, et n'y a vent qui tant y nuyse que zuut-west; et là vient communément l'esté tout le gros navire, et peu en y a qui entrent dedens la bouche, pour ce qu'elle est sy périlleuse, synon aucunes petites nefz de cent et cincquantes bottes au plus hault, qui là se veulent yverner, ou refaire; mais l'iver n'y osent demeurer nulles nefs pour ce qu'il y a sy peu de abril. — *Item*, quant en celuy pellaige, ou sourgissoir, le vent se met à grant fortune, les nefz qui là sont s'en vont devant le port de Thênes à secours et là sont plus sçeurement. Mémoire que de l'une des bouches de la rivière du Nyl jusques à l'autre par mer il y a quatre nuis et dix mille, et est ce païs là une isle très-habondant et fructueuse et très-plaine de villes et de villaiges, et est parmy le pays et au long de la rivière le meilleur païs d'Egypte et le nomme-on Garbye. Mémoire que dedens la rivière du Nyl il y a la plus grant habondance de poissons du monde, mais il n'est pas sain à en plenté essayer, combien que l'eaue est sy saine qu'on n'en peut trop boire, et sont les poissons comme grans chevaulz sauvaiges, et y a grant multitude de cocatrix qui sont en ladicte rivière du Nyl, espécialement devers Rosette.

Cy s'ensieut la fasçon du lacq de Lestaignon.

Item, en la ville de Damiette, il y a encores, partant de la rivière du Nyl, ung estroit brachelet d'eaue courant, fait à la main, comme ung fossé, passant parmy les gardins de la ville, qui ont bien quatre mille de long, lequel s'en va cheoir à six mille près de Damiette en ung grant lacq d'eaue salée que la mer sy a gaignée dès longtemps, nommé Lestaignon, lequel a bien trois cens mille de tour et est plain d'islettes perdues. Et est-à-sçavoir que parmy la dessusditte rivièrette, qui n'a, au temps que l'eaue de la grosse rivière est au bas, que deux ou trois piez de parfont, s'en vont bien aucunes gripperies petites, non chargiés, de Damiette dedens ledit lacq de Lestaignon, ouquel lacq y a fons assez pour icelles; et là, en attendant la marchandise pour elles chargier, viennent de Damiette autres plus petites barques chargées d'icelle marchandise et les chargent dessus lesdictes gripperies et germes, et est ce lieu là, où ilz les chargent, aussy sur ledit lacq, à quinze ou à vingt mille près de Damiette, et puis ainsy chargiés s'en vont au long dudit lacq de Lestaignon, ayans fons de quatre ou de cincq piés d'eaue, jusques à la bouche du port de Thênes devant nommé, où la haulte mer vient. Et par ceste rivière droit là issent plus commu=

nément de Damiette telz petis vaisseaulz pour aler en leur marchandise qu'ilz ne font par la grant bouche de la rivière du Nyl à Damiette, pour ce que tant est périlleuse. — *Item*, oudit lacq y a habondance a trop grant merveille de poisson assez plus encores qu'en la rivière du Nyl. — *Item*, aucunes-fois les grandes germes, ne les gripperies, qui s'en vont de Damiette en leur marchandise ne vont pas chargier en ce lieu là de Lestaignon dessusdit leur marchandise parmy laditte rivièrette pour ce qu'elle a sy peu de fons, ainchois issent par la bouche de la rivière à Damiette et s'en vont par mer, costiant la terre autour, et entrent oudit port de Thênes et remontent par ledit lacq de Lestaignon en bon grant fons et là par petites barques chargent, sy comme dit est. — *Item*, est-à-sçavoir que ce n'est pas chemin convenable à maronnier du monde, ayans aussy grosse fuste que gripperies, ou grosses germes, de entrer oudit port de Thênes pour vouloir aler parmy ledit lacq et le chemin dessusdit à Damiette, s'il n'avoit ung propre pillot du pays, car le chemin y est à tenir très-mauvais, entre pluisieurs islettes, pour le peu de fons qu'il y a en pluisieurs lieux, car tous les cops on se treuve sur terre. — *Item*, y a de Damiette par ce chemin dessusdit, jusques audit port de Thênes, qui chiet en la mer, soixante et dix milles, et par la marine aussy autour en y a autant.

Cy-après s'ensieut la visitacion du port de Thênes.

Item, est le port de Thênes très-bon port pour petis bateaulz, gallées et plattes fustes, et est l'entrée très-large de l'une terre à l'autre et siet aussy, comme on y arrive par mer, parmy zuut-west; mais ung peu plus avant entre les terres, il y a une bouche, qui a deux ou trois milles de large, dangereuse et assez périlleuse à y entrer et à en saillir, près autant qu'en celle de Damiette, pour la mer qui redonde contre les courans des eaues doulces, qui chiéent dedens le lacq de Lestaignon et par conséquent oudit port. Et n'a pour entrer en ladicte bouche que ung tout seul canal, nommé cours de l'eaue, qui n'a que sept ou huit quartiers de parfont, par lequel il fault entrer et yssir, nonobstant ce que l'ouverture de la bouche soit moult grande; lequel canal se change très-souvent de lieu à autre par les courans merveilleux qui mainent les sablons puis cy, puis là. Et y peut-on mauvaisement entrer à tout nefz de deux cens bottes et sans pillot, mais qui a bon pillot, nefz de trois cens et de quatre cens y entrent bien d'un bon doulz vent venant de la marine; et depuis que on est dedens celle bouche y a très-bon fons de deux, de trois et de quatre braches. — *Item*, que deux ou trois mille de parfont en la mer, oultre ladicte bouche, y a très-bon sourgissoir pour grosses nefz, et y a abril contre pluisieurs vens pour la grant entrée qu'il y a et pour les terres d'icelle, qui sont loing l'une de l'autre, qui donnent abril combien que ce n'est que tout pellaige, mais l'yver, quant les nefz n'osent demourer devant Damiette pour le fort temps, elles viennent à secours pour sourgir en ce lieu là. — *Item*, à ladicte bouche, à l'endroit de où le canal est environ de deux à trois mille large et, en amenrissant petit à petit, ledit port comme une rivière s'en va, comme dit est, ou lacq de Lestaignon. — *Item*, sur ledit port en terre n'y a autre ville, ne villaige, que deux ou trois povres maisons, moitiés décheues et deshabitées, mais est-à-sçavoir que, non obstant ce, il y a tousjours gens, barques et cameulz et marchandise qui passe ou rapasse par terre et par eaue en ce lieu là, car par terre et par eaue c'est le droit chemin alant du Kaire à Gazère et en Jhérusalem.

Cy-après s'ensieut la visitacion de Jaffe.

Jaffe siet en la coste de Surie sur la mer, à deux cens mille près du port de Thênes par mer et à trente mille de Jhérusalem par terre, et est le plus prouchain port qui soit près de Jhérusalem, et fut jadis grant ville fermée, mais à présent elle est toute défrocquié, et n'y a que trois caves où nul ne demeure, où les pélerins se logent quant ils viennent au sépulcre, et est le païs comme plain, et plait mains le assiette de ceste ville, qui fut, siet hault sur une montaigne et y feroit-on bien lieu fort. — *Item*, dessoubs ces trois caves y a ung petit port, fait comme par force, pour plattes et petites fustes, comme gripperies et galiottes, et à grant paine y peut une galée entrer, et a ce dit petit port deux bouches, c'est-à-sçavoir ainsy comme on y arrive, l'une, la meilleure et la plus grant parmy zuut-west, et l'autre parmy ost-zuut-ost. — *Item,* à quatre milles de parfont en la mer il y a bon sourgissoir pour grosses nefz et là a il à le fois fons de quatre à cincq braches de parfont, mais là est elle ou dangier de tous vens venans de la marine. — *Item,* à Jaffe y a deux fontaines sur la rive de la mer, et quiconque eaue ou sablon sur icelle rive c'est toute bonne fontaine. — *Item,* il y a gardins à Jaffe tousjours pour nonchier à Rames les marchans et les pélerins quant ils y viennent.

Cy-après s'ensieut la visitacion de Rames.

De Jaffe à Rames y a dix milles de terre et est très-beau plain païs, et y a aucuns bons villaiges alant de l'un à l'autre, desquelz en aucuns il y a puich d'eaue doulce, mais moult escarsceément y a eaue, car peu y pleut, et quant il y pleut largement il y a de beaulz frommens et de beaulx gardins autour de Rames et arbres de tous fruits selon la sécheresse du pays assez largement; et est l'aoust en ce païs là emmy juillet. — *Item,* est Rames grosse ville non fermée, située en plain païs, édefiée de maisons de belle blanche franche pierre tailliée, combles et tout à terrasse, et sont basses communément. Et est celle ville au Soudan.

Cy-après s'ensieut la visitacion de Jhérusalem en brief.

De Rames en Jhérusalem a vingt mille, tout païs de montaignes dures et y a bien peu de labeur et païs povre et sauvaige, et y treuve-on ung peu de vignes en aucuns lieux, et y a trois ou quatre chasteaux, que villaiges, en chemin et en voit-on aussy aucuns des deux costez. Et n'y a eaue en chemin que en deux lieux en puichs très-parfons et dangereux, mais près de Jhérusalem on y voit sur haultes montaignes pluisieurs chasteaux, les aucunes décheus, les aucunes non, que édefièrent les Cristiens jadis, et encores en aucunes y habitent Cristiens de la chainture, et ont puich d'eaue les aucuns. — *Item*, est Jhérusalem assise en pendant d'une montaigne, d'une bende devers west et de l'autre devers ost, elle est située au dessoubs du val de Josaphat et du val de Stilcé, et en ceste bende de ost, joignant les murs de la ville, est le temple Salomon et la porte dorée au plus près des murs de la ville, et dessoubs, ou val de Josaphat, est le sépulcre Nostre Dame, et oultre, vers ost, sur la montaigne est le mont de Olivet. — *Item*, est Jhérusalem longue de zuut à noord et large de oost à west. Et est assis au milieu de la ville, près de zuut, l'esglise du Saint-Sépulcre, et est Jhérusalem bien édiffié de belles maisons de belle blanche franche pierre tailliée, toutes à terrasse, mais moult y a peu d'eaue et à grant chierté, car peu souvent y pleut, mais y a puich et sisternes assez pour avoir eaue par habondance s'il plouvoit largement, et la meilleur eaue qui y soit sy est d'un puich sourdant qui est en l'esglise du Saint-Sépulchre. — *Item*, au dehors de la ville, vers poient, il y a ung petit chastel desemparé au gect d'un canon de la ville. — *Item*, dedens les murs de la ville, encores vers poient et west, il y a ung autre petit chastel de moult belle franche pierre tailliée, nommé le chastel David, assis ung peu hault, habité et gardé, et est du costé des champs assez fort et cuirié en aucuns lieux, mais ailleurs entour et pardedens la ville n'est gaires fort, et y a plas fossez et meschans, et ne pourroit riens durer après la ville prise. — *Item*, est Jhérusalem fermée tout entour de murs non pas haulz et bien emparez, et a aucunes povres tours en aucuns lieux, mais peu en y a, et aussy en aucuns lieux y a aucuns povres fossez plain et en aucuns lieux non, et ne samble riens forte contre puissance de gens, car la plus grant force qui y est sy est qu'elle est assez fort assise. — *Item*, est le païs entour très-povre, plain de montaignes, ayant grant deffaulte d'eaues, et le bien qui y est sy est d'aucunes vignes qu'il y a en aucuns lieux, mais moult escarsément.

S'ensieut la visitacion du port d'Acre.

En Acre a très-bon port de tous vens pour galées et autres fustes et est cloz de grosses pierres, et samble qu'il fut jadis fait à la main, et a environ deux mille de tour et siet l'entrée d'icelui ainsy comme on y arrive parmy noord-ost, laquelle est large de trait d'un arbalestre et parfont par dedens pour y entrer naves de quatre à cincq cens bottes, et sourgent par dedens au plus près de la plus grant roche laquelle fait le port, et là est le plus grant fons; le surplus dudit port est tout plat. — *Item*, naves plus grosses que de cincq cens bottes, ne entrent point dedens, anchois sourgent droit devant ladicte entrée, ouquel lieu il y a très-bon fons pour tous gros navire, et y fait sçeur par fortune de tous vens, pour les terres qui ainsy se boutent à l'avantaige, et les vens qui plus y nuysent sont noord et noord-west. — *Item*, il y a de celle bende là ung autre petit portelet moult bien encloz de muraille où la mer vient, lequel sert à mettre petites fustes, et seroit encore légièrement remis à point pour y mettre galées. — *Item*, se peut ceste chose cy et autres mieulz monstrer par l'exemple qui en est fait, qui escripre ne se pourroit sans longue narration et grant langaige.

Cy-après s'ensuicut la forme de la ville d'Acre.

Item, il y a sur le port d'Acre une terre en manière d'une langue, qui de la terre ferme se boute en la mer, sur quoy la cité d'Acre fut fondée. Et au lez devers ledit port, vient la mer batre au gect d'une pierre des murs, et de l'autre bende de la langue, vers la mer, estoient les murs fondez en la mer, et au lez devers les champs il y avoit deux paires de beaulx fossez, cuiriez à plomb, sans eaue, comme il samble, et deux paires de murs à grosses tours rondes, qui se boutent dehors cuiriez embas. Et fut jadis moult belle cité de grans et notables édefices, esglises et pallais moult grant, de belle franche pierre taillée et moult richement edifiée, mais à présent elle est toute défrocquié, jus, et toute deshabitée, les murs et les tours renversez et minez, et les fossez en pluisieurs lieux remplis des édefices qui sont abatus dedens, mais encores y sont les fondacions de pluisieurs belles tours et des murs de la ville en aucuns lieux. Et y a grant foison de très-belles caves en terre et entières qui ne sont point gastées, et y a encores grant foison des grans pans des murs drois, tant des pallais comme des esglises, et qui voit ceste ville de loings ce semble estre merveilles de beauté. — *Item,* fut ceste cité grande de tour environ trois milles, et est fondée en bon terroir pour fourmens, cottons et autres biens. Et y a vingt milles à la ronde le plus beau pays du monde, une partie plain et l'autre montaignes, sans arbres, dont deffault y a là entour; et y a une petite rivièrette d'eaue doulce, en manière de rieu, qui descend d'une montaigne assez près de là et va cheoir au plus près des murs vers les champs dedens le port dessus-dit en la mer, mais il est-à-sçavoir que l'eaue est flasque et mal-saine; et pareillement l'air du païs d'autour d'Acre n'est pas sain, car il est bas et y pleut coustumièrement très-habondamment combien que la chaleur de l'esté sèche tout. — *Item,* en toute la ville n'y a que une toute seulle fontaine de bonne eaue, laquelle siet devers les champs, auprès du port, devers les fossez de la ville, et est assez grande et très-bonne, et en tout le pays autour n'a nulle rivière et y a pou d'eaue, fors en aucuns cassaulz, où il y a des puis et es autres non, mais se la ville estoit habitée icelles grandes pleuues, reçues en cyternes, donneroient assez eaue. — *Item*, droit devant Acre, vers les champs, au trait d'un canon hors de la ville, il y a une petite montaigne de terre, faite à la main, que ung soudan fist jadis faire, où il se logeoit quant il y tint le siège six ans et qu'il la print. — *Item*, en celle ville n'y a homme demourant, fors deux ou trois gardes Sarrasins pour sçavoir quant il y arrive navire, mais, à deux mille près de là, il y a ung villaige bien habité nommé Acre la nœufve, où lesdictes gardes anonchent ledit navire. — *Item*, en Acre la vieille il y a, joingnant ledit port, pluisieurs maisons et céliers fermez où les marchans Veniciens mettent leur cotton, et en Acre la mendre y a tousjours ung Venicien facteur des autres pour leur dit cotton. — *Item*, est-à-sçavoir que ceste ville d'Acre seroit bonne à réhabiter mais il fauldroit temps et puissance. — *Item*, de Jaffe à Acre y a soixante milles par mer et autant par terre.

Cy-après s'ensieut la visitacion du port de Sur.

Sur siet sur la coste de Surie, sur la mer, à xxv mille par mer et par terre près d'Acre, et est-à-sçavoir qu'il y a devant la ville en la mer quatre ou cincq grosses roches et longues dont les aucunes appèrent ung peu hors de l'eaue, et les autres non, lesquelles roches font le port de Sur. Et dedens icelluy port peuvent entrer nefz de soixante à quatrevins bottes, et non plus grandes en toutes autres plates fustes, et est très-bon port et sçeur de tous vens. Et y a pluisieurs entrées par entre les roches qui sont grandes et bonnes pour lesdites petites fustes, mais pour les nefs dessusdictes de soixante à quatrevins bottes, n'y a parfondeur n'entrée nulle sçeure, synon ainsy comme on y vient devers Baruth au long des terres; et celle est la plus saine entrée, laquelle siet ainsy comme on y arrive parmy zuut, et sont lesdites roches assez loings l'une de l'autre. — *Item,* est ledit port entre la ville et lesdites roches très-grand et long et a bien cincq à six mille de tour. — *Item,* quant grosses naves de quatre, ou cincq, ou six, ou sept, ou huit cens, ou de mille bottes viennent à Sur, elles sourgent toutes en la mer au dehors desdites roches, là y a il bon fons et bon port pour tous gros navire par les terres de devers Baruth, d'un costé et la ville de l'autre, qui leur donnent abril contre pluisieurs vens, mais pour icelles grosses nefz n'est pas lieu pour y gaires séjourner, pour les fors vens de west, de noord-west et de noord qui leur pourroient nuyre. — *Item,* est-à-sçavoir que pour galliottes et autres petis navires, mendres que de galées, il y a encores entre ledit port ung autre plus petit port très-bel, tout ront, lequel est encloz de la fermeté de la ville, et nonobstant ce que la fermeté soit assez décheue sy n'y peuvent entrer nulles fustes synon par une petite entrée d'une bouche mendre que pour logier deux galées, laquelle est platte d'eaue. Et y a une tour quarrée, petite, à l'un des lez de la bouche et le mur à l'autre lez. — *Item,* il y avoit quant je y fus une petite fustelette d'arivée, comme une galiotte, et y en faisoit l'admiral faire deux ou trois noeufves.

Cy-après s'ensieut la forme de la ville de Sur.

Il y a à Sur une terre toute ronde qui se boutte en la mer, et ne s'en fault mie une mille que ce soit une isle enclose de mer, et là sus fut fondée jadis la belle et grant cité de Sur; et toutes les tours d'environ, dedens la mer et devers les champs, estoient fermée en icelle mille de large, de deux paires de beaux murs à grosses tours moult belles et trois paires de fossez sans eaue, dont les deux paires les plus prouchains des murs estoient cuiriez à plomb très-richement. Et fut icelle ville du temps des Cristiens édiffiée d'esglises grandes, de pallais et plaine de maisons riches, haultes et belles, toutes de franche pierre tailliée comme en Acre, mais quant elle fut reprinse des Sarrasins elle fut toute abatue, les combles, les édefices et tous les murs, grosses tours, minées comme en Acre, dont les fossez par les édefices qui furent dedens abatues en furent fort remplis devers les champs, sy que à present elle est toute désolée, excepté la fondacion sur la mer entour qui encores est très-belle. Et y a pluisieurs maisons à belles eaues légières à réedefier. Et fut Sur la ville où jadis les rois de Surie se vouloient couronner devant deux très-grosses tables de marbre qui séoient en une grande esglise qui à présent sont abatues en terre et l'esglise aussy. — *Item,* n'y a en la ville de Sur nulles rivières, mais il y a deux ou trois cysternes et pluisieurs puichz non pas de trop bonne eaue, et, vers les champs, il y a une belle et bonne fontaine dedens les fossez. — *Item,* au dehors de Sur, quatre milles sur les champs, vers les montaignes, il y a une très-grant habondant fontaine faitte moult richement, ouvrée de marbre, que jadis fist faire Salomon, laquelle du temps des Cristiens couroit par conduitz et abeuvroit la ville, mais à présent les conduis sont rompus. — *Item,* à une mille, à l'autre lez devers Sayette, il y a une autre grande et belle fontaine sourgissant. — *Item,* est le païs d'entour bon à labeur, et y a par usance habondance de blez et de cottons. Et est-à-sçavoir que, depuis Acre jusques à Sur, et de Sur au long de la coste de la mer jusques à Sayette, quatre ou cincq mille de parfont en terre, est presque toute plaine bien labourée, et oultre sont toutes montaignes haultes où il y a pluisieurs villaiges et forteresses, telles quelles, et sont habitées et plaines de gens de deffence et de chevaulz. — *Item,* à cincq milles de Sur, à l'autre lez, vers Sayette, il y une moult belle rivière, clère et parfonde, près autant large comme le Lys, nommée Cassenne, qui des montaignes va cheoir en ce lieu là, et la passe-on au pont. — *Item,* y a pluisieurs autres petis rieux de eaue doulce entre Sur et Sayette. — *Item,* a esté la ville de Sur toute deshabitée depuis qu'elle fut ainsy abatue, jusque à l'an mille quatre cens et vingt et ung, que ung grant admiral nomme Elboé, bon Sarrasin, le commensça à faire réhabiter. Et y avoit, quant je y passay, bien trois cens mesnaiges, qui pou y repairoient, car la ville a bien huit mille de tour. — *Item,* est sans comparaison le païs d'environ Sur plus bel, plus sain et y a de meilleurs yaues que autour d'Acre, et seroit chose notable qu'elle fust repoeuplée et réhabitée, mais il y fauldroit puissance de gens et grant espace de temps.

Cy-après s'ensieut la visitacion de Sayette.

Sayette siet en la coste de Surie sur la mer, à vingt milles près de Sur par mer et autant par terre. Et y a du costé de devers Baruth, une bonne mille arrière de la ville et de la terre, une grande et longue roche, qui plainement se monstre hors de la mer, laquelle avecq une autre petite islette, séant, toute ronde, de ce costé, au ject d'une pierre des murs de la ville, font le port de Sayette. Et de celle islette jusques à une assez grosse tour très-ronde, séant sur terre ferme, au bout des murs de la ville d'icelle bende il y a ung pont de pierre, ouvré par arches, sur quoy on va desdis murs à l'islette, et souloit estre une retraitte qui à présent est de pou de valeur.

Cy s'ensieut après la forme du port de Sayette.

Item, est le port de Sayette grant et assez bon pour tout moyen navire et y a fons assez pour navez de quatre à cincq cens bottes, mais ledit port est fort descouvert pour les vens fortunaux de noord-ost et de noord-noord-ost. Et est l'entrée d'icelui port large de une mille ou plus, et siet ainsy comme on y arrive par mer parmy zuut-west, devers la bende de Baruth. — *Item*, il y a droit au front devant la ville, devers la mer, ung autre petit plat port pour petites fustelettes, comme petites galiotes et barques, lequel est fait à la main, comme il samble, et est enclos, devers la bende de Sur de grosses pierres et de l'autre costé, par devers Baruth, il s'afachonne et est fait et cloz de ladite ronde islette, et siet la bouche d'icelui ainsy comme on y arrive parmy zuut.

Cy-après s'ensieut la forme de la ville de Sayette.

Item, est Sayette ville fermée très-petitte, assez bien édefiée de maisons basses, toutes de pierres grises, située bas sur ces deux pors, comme on peult veoir par exemple, et n'y a que ung sengle mur bas en toute la fermeté, devers la mer, avecq aucunes meschans petites tourettes, excepté la tour cornière, vers Baruth dessusdit, qui est belle assez, et de la bande des champs il y a en manière de deux murs mal emparez bas et meschans et ung seul petit meschant plat fossé, sans eaue, à moitie remply en aucuns lieux des maisons qui par-dessus les murs y sont cheues et des ordures de la ville que on y jette. Et est-à-sçavoir que les premiers murs ne sont synon maisons de pierre tenans ensamble, qui font la fermeté avecq deux ou trois petites tourelles meschantes, mal emparées, qu'il y a, et le second mur pareillement est fait des maisons tenans enssamble, et entre ces maisons et les murs est ainsy comme à manière d'une rue et là, vers les champs, il n'y a nulz huis aux portes, mais sont les entrées assez fortes, mais le lez vers les champs est très-foeble. — *Item*, vers les champs, à l'autre bout de la ville, vers le costé de Sur, assez près de la mer, il y a une montaignette de terre assez haulte, fermée de meschans murs, bas et décheus entour et une povre basse tourelle quarrée dedens qui descoeuvre le port et la ville, et est à manière d'un chastel, et vont les deux murs de la ville en bas d'un costé et d'autre en montant jusques aux murs de la fermeté du chastel d'en hault.—*Item,* est-à-sçavoir que la ville de Sayette et la montaignette au chastel sont assis sur une terre à manière de montaigne grande et ronde entour, et semble que jadis la fermeté de la ville sy vint jusques au descendant d'icelle. — *Item,* est-à-sçavoir que aux portes qui vont sur la mer il y a huis qui se ferment de nuit, et y a plusieurs autres entrées sans portes qui ne se ferment point, mais sont estroittes et assez fortes, et sont les murs et tours vers la mer mieuls emparés que ceuls vers les champs, et y fait plus fort aussy pour le petit port qui est droit devant où autres navires que barques ne peuvent entrer. — *Item,* en la ville de Sayette n'y a cisterne, ne autre eaue, que de puichz et encores n'en y a-il pas largement, mais hors de la ville à une mille près d'icelle sur la mer, sur les champs, alant vers Baruth, y a une petite rivière de montaignes de bonne eaue, et es villaiges autour aussy y a-il par raison eaue. —*Item,* autour de Sayette il y a ung peu de plaine et y a oliviers, figuiers et autres arbres assez largement et y a de beaulz villaiges, édefiez de bonne pierre, et de bonne labour de blez et cottons par raison. Et oultre celle plaine sont montaignes grosses où il y a par oïr dire demourant grant poeuple, eaue assez et bon païs. — *Item,* alant de Sayette à Baruth on tienne trois ou quatre rieux que petites rivererettes, et y a chemin mauvais et pierrieux et païs de montaigne sans labeur, excepté à quatre ou à six milles

15

près de Baruth qu'il y a plain païs et ung très-beau grant bos de sappins, vignes et oliviers qui vers là commencent et durent jusques à la ville de Baruth devant ditte.

Cy-après s'ensieut la visitacion du port de la ville de Baruth.

Baruth siet en la coste de Surie, sur la mer, à vingt six mille de Sayette par mer et par terre, et est bonne ville et bien marchande, non fermée, édiffiée de maisons de belle pierre tailliée, appartenant au Soudan et fut jadis du temps des Cristiens très-grosse ville fermée, mais à present est ainsy diminuée, combien qu'elle soit habitée avecq les Sarrasins de grand nombre de marchans Cristiens, comme Venissiens, Gênenois, Grégeois et autres. Et est-à-sçavoir que au dit lieu de Baruth y a deux chateaulz bons, assis sur la mer, l'un à ung des lez du port et l'autre à l'autre lez du port, et est celui dedens le plus grant comme la maison où l'admiral demeure et n'est pas fort ne gardé de personne, ains seroit habandonné se riens de puissance venoit, et l'autre à l'autre lez du port vers la Turquie et vers Tripoly est ung petit chastelet, assis sur une roche fondée en la mer du lez de la marine, et du lez vers les champs est assis en terre ferme bonne à miner, et là autour y a doublez fossez, sans eaue, mais vers la mer n'y a fors le mur et la roche dessoubz, qui est haulte et roiste assez. Et est-à-sçavoir en conclusion du-dit chastel que ce ne sont que deux tours quarrées encloses de murs, l'une sur la roche ditte et l'autre sur les champs plus arrière, dont en l'une, ne en l'autre, n'y a guaires de beauté, ne de bonté, fors tant qu'elles sont gardées de Sarrasins contre Cristiens. — *Item*, est ledit chastel assis hault et vers la mer et vers les champs, et y a une entrée assez forte vers la ville de Baruth, mais n'est pas bien emparée et samble que on n'en fait guaires de compte. — *Item*, au dessoubz dudit chastel, plus près de la ville de Baruth, bas sur la mer, en lieu plat, y a une autre petite tour quarrée, assez bonne, laquelle est emparée et gardée; et font les Mores, de nuyt, en deux lieux, le guait, espécialement pour la garde du port et de la ville, l'un en icelle tour et l'autre sur une tour dudit chastel à tout gros tambours, quant l'un sonne l'autre lui respond, et sont trois guetz la nuyt, ceux du premier guait sonnent ung cop, ceulz du second guet sonnent deux cops et ceulz du tiers sonnent trois cops. — *Item*, est la ville de Baruth mal garnie d'eau doulce, mais à deux mille près d'icelle, alant à Tripoly, par terre, assez près de la marine, est le lieu où saint George tua le serpent, auquel lieu a une chapelette. Et assez près de là y a une rivière de bonne eaue doulce venans de montaignes qui va là cheoir en la mer. Et est-à-sçavoir que autour de Baruth y a beaulz gardinaiges et tous bons fruits et abondance de sapins, espécialement à quatre mille de la ville vers Sayette, et de là en alant à Damasq il y a moult crueux chemin de montaignes et valées sèches et povres de labeur, combien que d'une bende et d'autre du chemin il y a villaiges aucuns et fontaines de roches assez par raison, et droit en mylieu du chemin, entre Baruth et Damasq, il y a une belle plaine très-bien labourée, large de quatre lieues et longue à merveilles, assise entre deux montaignes, ou myllieu de laquelle coeurt une belle rivière d'eaue doulce qui s'espart en pluisieurs ruisseaulz. — *Item*, y a audit lieu de Baruth, une mille ou deux parfont en la mer, bon sourgissoir pour tous gros navires, galées et plates fustes, mais n'est mie le port sçeur pour tous vens, car noord et noord-west y font moult de mal l'yver; et en approuchant la terre à demye mille est ledit port plat et fault les galées demourer assez loings dudit surgissoir qui est moult grant, car on y peut entrer de tous lez, et n'est à dire au vray fors que pelaige. Et est-à-sçavoir que oultre ledit lieu de Baruth, vers Tripoly, la mer se boute moult parfont en terre comme feroit ung lacq, mais là fait-il plat à merveilles. — *Item*, est Baruth le droit port de toutes les marchandises qui vont et viennent à la cité de Damasq et est à deux journées de Damasq par terre.

Cy-après s'ensieut la visitacion de Damasq en brief.

Damasq siet audessoubz d'une haulte montaigne déserte de labeurs, en l'une des plus belle plaine du monde, moult bien labourée et moult fructueuse, entre gardins non pareilz de beauté et de tous fruis délitans plus qu'en nulz autres gardins; et est avironnée dedens et dehors de rive-rettes et des meillieures eaues du monde en grant habon-dance, mais n'y a nulle grosses rivières. Et est laditte ville moult fort, fermée de doubles murs et de belles tours, toutes à terrasse et les fossez autour cuiriez sans eaue; et est grande de deux lieues de tour, et est plus longue que largue située sur terre bonne à miner. Et fut toute arse du temps du Tambur qui fut l'an passé à vingt et deux ans, mais très-fort se recommence à restorer et réédefier; et y a très-beau chastel assez bas en la ville bien fermé de sengles murs et de belles tours, et y queurt une riverette autour des murs d'un costé, mais d'autre costé y a bien peu d'eaue es fossez qui sont tous quiriez autour; et en celle ville de Damasq y a ung roy admiral subget au Soudan de Babilonne qui a tousjours grant nombre d'esclaves de Turquemans, d'Arrabes et de Sarrasins bien montez en gens de guerre des meilleurs de Surie.

Cy-après s'ensieut la visitacion de Galipoli assis en Grèce ou destroit de Rommenie.

Galipoly est située ou destroit de Rommenie, sur la Grèce, et est ville très-grande non fermée, et y a ung chastel assis assez près de la mer, quarré, à huit petites tours et sont fondées sur haultes dounes, quiriez en quarrure. Et sont les fossez d'entour par devers la terre hauls sans eaue, comme il samble, et ceuls par devers la mer sont bas et y a de l'eaue. Et droit dessoubz le chastel, sur la mer, y a ung bon petit port pour gallées et pour toutes petittes fustes, et pour celui port garder y a une très-belle grosse tour quarrée sur la rive de la mer tout bas sur la terre ferme, vers le chastel, et d'autre bende y a ung mur fait en la mer qui clot ledit port avec aucuns longs peulz et moyennant lesdis peulz n'y remaint fors une petite entrée par où les galées entrent et n'y a point de chaienne. — *Item,* y avoit oudit port, quant je y passay, quatre galées et moult grant nombre de petis vaisseaulz passaigiers et petites fustes, et y ont les Turcqs communément tous leurs plus grans povoirs de galées et de fustes plus qu'ilz n'ont nulle part aillieurs. — *Item,* droit à l'opposite dudit Galipoly entre la mer appellée le destroit de Rommenie, sur la Turquie, y a une très-belle tour où les Turcs font communément le passaige de l'un païs à l'autre, et est en ce lieu là la mer estroitte environ de trois à quatre milles de large. Et qui auroit ledit chastel et port les Turcs n'auroient nul sçeur passaige plus de l'un à l'autre et seroit leur pays qu'ilz ont en Grèce comme perdu et deffect.

— *Item,* y a de Constantinoble à Galipoly cent et cinquante milles et y a devant ledit Gallipoly lieu, mer et fons assez sçeur et compétent à sourdre et mettre l'anchre pour grosses naves nonobstant ce qu'il n'y aye pas droit port pour icelles.

L'an vingt et trois, moy revenu de mon dessusdit voyaige, alay à Londres, devers le jeune roy d'Angleterre, faire mon rapport de la charge que me avoit baillié le feu roy d'Angleterre, son père, et lui rapportay et à son conseil l'orloge d'or que je devoie présenter de par ledit roy son père au grant Turcq. Et me donna le roy au partir trois cens nobles et paya tous mes despens. 1423

L'an vingt et six fus en la première armée que monseigneur le duc fist en Hollande contre madame de Hollande et ses aliez. Et me fist mon dit seigneur capitaine de Rotredam, soubz moy deux cens combatans, où nous eusmes une aventure de la commune de la ville qui s'esmeut contre nous et se mirent en armes pour nous envahir, mais par la grâce de Dieu n'y eut nully tué, car ladicte commune se retray chascun en son hoistel pour l'admonnestement d'un bon curé, qui se revesty des aournemens ecclesiastiques et apporta le *Corpus Domini* entre nous et ladicte commune. Et en retournant en l'ostel de monseigneur le duc audit Rotredam, où la pluspart de nous estions logiez, le pont rompy et cheurent dedens la rivière environ trente hommes d'armes de noz gens, mais il n'y eut personne noyet. 1426

L'an vingt et sept fus en la seconde armée de Hollande, 1427
et le vingt et quatrième jour de jenvier fus avec mon dit seigneur le duc en la bataille de Broudeeshaves, où il y

eut vingt et six cens Englés desconfis, dont le seigneur de Fliebatre estoit capitaine, qui s'enfuy et environ de trois cens Anglés avecq lui, et les autres furent tous mors ou prins.

1428 L'an vingt et huit, le deuxième jour de jenvier, partant de l'Escluse me envoya mon dit seigneur le duc en ambaxade, pour le fait des Housses, en Hongrie, devers le roy des Rommains, roy de Béhaigne et de Hongrie et devers le duc Aubert d'Ostrice et devers les esliseurs de l'Empire. Ouquel voiage demouray quatre mois. Passay par Brabant, par Juliers, par Coulongne, par Bachkarth, ville fermée, au duc Palatin, par Mayence, par Francfort, par Menstacq au marquis de Brandebourg, par Reyghezebourg, ville fermée et éveschyet et est Bavière, et y passe-on la Dunoe. Passay par Paisse, ville fermée et deux chasteaulz, assis sur la Dunoue, appartenant au duc Aubert d'Ostrice, par Brouchk, ville fermée sur la rivière du Rieu, par Altentbourg, villaige et chastel sur ladicte rivière et est au roy de Hongrie, de là à Boudes, ville fermée sur la Dunoue où je trouvay le roy de Hongrie, l'empereur Sigismond, auquel je fis mon ambaxade comme j'avoie de charge, lequel revenoit de la guerre de Turquie, et me fist cest honneur que par ung jour sollempnel me fist porter l'espée devant luy. De là remontay à Vienne en Osterice, où je trouvay le duc Aubert d'Osterice, auquel je fis mon ambaxade comme j'avoye de charge, et me donna au partir une couppe d'argent dorée, et de là m'en revins à Mayence, où je trouvay l'archevesque auquel je fis pareillement mon ambaxade, et me donna au partir ung cheval cellé et harneschié à le mode du païs, de là je alay devers les autres esliseurs de l'empire ausquelz je fis ce que j'avoie de charge, et puis m'en revins par Coulongne, devers mon dit seigneur.

L'an vingt et neuf publia monseigneur le duc Philippe 1429
de Bourgongne son ordre de la thoison, où il me fist honneur de moy eslire l'un des vingt et cincq.

L'an mille quatre cens et trente, le quatrième jour de 1430
mars, je me party de l'Escluse pour m'én aler en ambaxade de par monseigneur le duc, devers le roy d'Escoce, et de là passer oultre en pélerinaige au trou Saint-Patrice, en Hirlande, passay le royaume d'Angleterre. Montay sur mer à Callais, prins terre à Zantwich, passay par Londres, par Hunditon, ville fermée, par Dancastre, grosse ville non fermée, assise sur la rivière du Don, passay par Yorch, ville fermée, chastel et archevesché, assise sur la rivière du Hous, qui va cheoir en la mer à trente mille de là. Puis passay par ung port nommé Houlz, neuf chastel, ville fermée et chastel, assise sur la rivière de Thouy, qui va cheoir en la mer à six mille de là à ung port nommé Thinemuda. Passay par Bambourg, très-fors chastel, villaige et prioré, séant sur une roche droit sur la mer, et samble qu'il y ait trois fermetez.

Item, on dist qu'en ce chastel fut la doloreuse garde

que Lancelot du Lacq par sa proësce fist depuis nommer la joyeuse garde. Passay de là par Bervich, ville fermée, bien gastée, fort chastel, séant sur la rivière de Thouy, laquelle départ Angleterre et Escoce. Et siet ladicte ville oultre la rivière du costé de Escoce, mais c'est aux Anglais; passay par Doubar, ville désolé des guerres et ung très-fort chastel séant sur la rive de la mer; passay par Andreston, bonne ville non fermée et y a une belle esglise nommée Saint-Andrieu, sy a très-beau chastel et est éveschié toute la meilleure d'Escoce, passay par Saint-Yaestreen, une bonne ville non fermée, et chartreux séant sur la rivière du Thony, passay Strenebvich, ville marchande et assez bonne, non fermée, séant sur la rivière du Soith, que on passe illecq à pont, et y a ung très-fort chastel assis sur une roche que fist le roy Artus, comme on dist; passay par Donfriez, bonne ville non fermée, assise sur la rivière du Quix, qui va cheoir en la mer de ponent, à quatre mille près de là; passay par Carliel très-belle petite ville fermée et très-beau chasteau et éveschiet, où le roy Artus tenoit sa court et son hostel comme on dist.

Item, que de Carliel, vers la mer de ponent, et de Hirlande jusques a Bervich, séant sur la mer d'orient et de Flandres à soixante mille de l'un à l'autre et est la largeur d'Angleterre à cest endroit; passay par Lancastre, gastée ville non fermée et ung gros chastel assez bel assis hault et séant sur la rivière de Lun, à six mille près de la mer. Et vient la marée jusques au port et est duché. De la à Concquessant, une abbaye de chanonnes rieulez; de là montay sur mer le

XXVII.e jour de may pour passer en Hirlande, et vins descendre à Dronda, ville fermée, à trois lieues près de la mer sur la rivière de Bouen, et y a de Lancastre jusques à Drouda, de cent à six vingts milles. De la passay à Kennelich, ville très-mal fermée, encore au roy d'Angleterre, séant sur la frontière des Escos sauvaiges, et y a une povre abbaye, de là montay à Canaen, povre ville non fermée, et est au roy Auraly, qui demeure en une meschante place et povre tour sur la ville; passay à Coloniensy, petit villaige, et alasmes à piet parmy la forest, pour ce que nulz chevaulz n'y peuvent passer pour les arbres abatus. De là allay jusques à ung grant lacq où fault la seigneurie du roy Auraly et y commence la seigneurie et païs du roy Magmir, et contient ledit lacq de cincquante à soixante milles de long et a environ trente milles de large, et dist-on que en ce lacq y a bien cent et soixante isles, et là ledit lacq cheoir en la mer de noord-west. Alasmes à ung villaige et isle nommé Roussaux-moustier, et y sont les maisons toutes de cloies et est à un ducq qui a bien quinse cens barques, nommé Macanienus, subgect au roy Magmir, lequel duc nous presta une chimbe pour aler au trau Saint-Patrice, surquoy nous montasmes et naviasmes à rîmes jusques à l'isle de Saint-Patrice, passâmes par pluisieurs isles où nous descendismes pour disner et dormir, desquelles je ne fay point de mencion pour la povreté qui y est, trouvasmes anciennes esglisettes et povres abayes.

Item, depuis ce dit lacq jusques au lacq Saint-Patrice y a quatre milles par terre, laissâmes là nostre chimbe et allasmes ces quatre milles à piés.

Item, passâmes jusques à l'isle du purgatoire S.t-Patrice, où il y a demy mile, en une autre chimbe, et dist-on qu'en celui lacq a douse isles, dont en l'une est le cloistre et prioré Saint-Patrice et tout ce ou païs du roy Magmir devant nommé. Mémoire que l'isle du purgatoire Saint-Patrice est longue sur quarrure et a deux cens dextres de tour, et y a une chappelle de Saint-Patrice et quatre ou cincq cahutes de cloyes, couvertes d'estrain.

Item, est le lieu du purgatoire Saint-Patrice comme une fenestre flamengue, fermée à bonne clef et d'un huis sengle et est de haulteur à la terre de la chappelle, et siet noord à quatre piez près du coing noord-ost d'icelle à la ligne et juste volume dudit coing. Et a ledit trau neuf piez de long en alant de ost à west, et après retourne cincq piez vers zuut-west et a en tout de quatorse à quinse piez de long, et est machonné de pierres noires et a environ deux piez de large et trois piez de hault escharsément, et au bout d'icelui trau, où je fus enfermé deux ou trois heures, dist-on que c'est une bouche d'enfer, mais Saint-Patrice l'estouppa d'une pierre qu'il mist sus, qui encore y est.

Item, à douse mille près du purgatoire Saint-Patrice y a ung bon port de mer pour grosses nefz, vers noord-ost ou païs du roy Adruilyoris, roy des Hirlandois sauvaiges, et se nomme ce port Esroy ou Losseroy. Dudit trau Saint-Patrice retournay à Dronda, par le chemin dessusdit, tant par mer, comme par terre, que à piet, que à cheval, à trente et six mille de la Dunoe, Donnelun, ville fermée, très-bel chastel, quarré fossé sans eaue, ou on tient la justice de l'eschequier de par le roy d'Angleterre, à quoy les Irlandois resortissent, et est la ville sur la rivière. De là passay à Cestre, par eaue, où il y a six milles de loing et vient-on de Donnelun par oost droit aux terres de Galles, et y a d'une terre à l'autre soixante milles, et du commencement de la terre de Galles jusques à Cestre, soixante milles, et est la ville de Cestre fermée et très-bonne, et y a chastel et dongion très-fort, assis sur la rivière de Drobastre qui va cheoir en la mer à six milles de Cestre, et départ ladicte rivière Angleterre et Galles. De là à Litchfeld très-bonne petite ville non fermée, mais il y a une esglise cathédrale très-bien fermée de nuyt et la plus belle petite esglise du païs, du plus riche et assouvy ouvraige de pierre qui soit en Angleterre, et est éveschiet. Passay par Conneztré, très-bonne ville et marchande, par Dauentie, par Dontrixe Saint-Albons, de là à Londres, et de là alay devers la roine Katherine qui estoit à trente milles de Londres, à une maison de plaisance et gros villaige nommé Plassiet, où il y a ung parcq aux dains. De là revins à Londres et à Douvres le droit chemin.

Item, celui an, par le jour des rois, fus à une armée avecq mon seigneur le duc de Bourgogne contre ceulz de Cassel que s'estoient rebellez, que monseigneur cuida combatre, mais ilz se rendirent.

L'an trente et trois, me envoya mon seigneur en ambaxade, 1433 ouquel je fus ung an, avecq l'évesque de Nevers, l'esleu de Besenchon et autres, devers le concile qui se tint à Basle.

1435 L'an trente et cincq, le vingtieme jour de febvrier, partis d'Arras après le parlement et la paix d'Arras et m'en alay à Saint-Jacques en Galice, par terre, pour acomplir le veu que j'avoye fait au trespas de ma femme, et à mon retour dudit voyaige je vins devers mon seigneur le duc, qui estoit au siége de Callaiz et le encontray en armes entre Saint-Omer et Gravelinghes.

1437 L'an trente et sept, moy estant à l'Escluse, le deuxième jour de jullet, ceux de Bruges mirent siége devant ladicte ville, où ilz furent dix huit jours.

1442 L'an quarante et deux, fus en ambaxade de par monseigneur le duc, pour le fait de madame de Luxembourg, avec le comte de Naxau, le chancelier de Brabant et l'archediacre de Tournay, devers l'empereur que nous trouvasmes à Francfort, et nous donna à disner la nuit Saint-Laurens et nous fist c'est honneur qu'il nous fist seoir à sa table, et dura notre ambaxade cincquante jours, et plaidoyasmes devant l'empereur.

1446 L'an quarante six, le pénultième jour d'aoust, me party de Lille, pour accomplir le saint voyaige de Jhérusalem et avecq ce, fus en ambaxade de par monseigneur le duc, devers le roy d'Arragon; passay parmy Bourgogne par Savoye, par Melan, par Ferrare, par Venise, par Saine la vielle, par Boulogne la crasse, par Romme, et arrivay à Naples, où je trouvay le filz naturel du roy d'Arragon qui me festia et me donna ung très-beau disner; de là m'en alay devers le roy d'Arragon qui tenoit les champs et le trouvay à ung villaige nommé *........., auquel je fis mon ambaxade comme j'avoye de charge, et me donna au partir ung drap d'or bleu et à mon filz ung velours et à moy aussy. Et de là retournay à Naples, où je montay sur mer le 4.me jour de décembre, sur une nef de Gênenois, arrivay à Messine, en l'isle de Sicile, au dixième jour, et y a trois cens milles; passay devant l'isle de Stranglo, qui pour lors jectoit grant flamme de la haulteur de deux lances ou environ; passay par devant l'isle de Brocquant, qui tousjours fume, de là arrivay à Modon, où il y a cincq cens milles; partis de Modon par fortune de vent et arrivay à ung port au bout de l'isle de Candie, devers ponent, nommé Trabourch, où il y a deux cens milles; de là encores par fortune de vent arrivay au port et chastel Destia, à l'autre bout de l'isle de Candie devers le vent où il y a deux cens milles.

Item, partis de là arrivay à Rodes pour aler en Chippre, mais fortune de vent nous mena en la Turquie à ung port nommé Malfata, où fusmes dix jours, de là arrivasmes au

* Le nom du village a été oublié dans le manuscrit.

bout de huit jours à Famagouste, en l'isle de Cyppre, où il y a sept cens milles.

Item, de Famagouste alay par terre à Nicosye, devers le roy de Cyppre, où il y a douse lieues.

Item, de Nicosye montay sur une gripperie et arrivay à Jaffe en deux jours et y a deux cens milles; de là arrivay en quatre jours au port de Jaffe, en Surie, où il y a trois cens milles, de là montay sus asnes et alay jusques à une ville non fermée nommée Rames.

Item, de là arrivay par terre en Jhérusalem, où il y a trente milles, où je fiz les pélerinaiges acoustumez aux pelerins, et puis revins monter à Jaffe, rappassay par Cyppre et par fortune de vent arrivay à ung port nommé Cacquàu, jadis ville fondue en abisme, là passay par devant le chasteau rouge et par fortune de vent arrivay au chastel et bourg de Lindo, au bout de l'isle de Roddes, et de là retournay à Roddes; de Roddes montay sur une nave de Catelans et arrivay à Thoron, où je montay sur une petite gripperie et revins à Modon. De là montay sur une nave de Venissien pour aler à Tourson, mais fortune de vent nous mena en l'isle de Chifelonie, et y a deux cens milles; partis de là, arrivay encore par fortune de vens en l'isle de Pacachou et y a cent et cincquante milles, de là à Tourson et puis à Parence, où il y a six cens et vingt milles; là montay sur une gripperie, passay par devant Chitanone, par devant la Candisterie, parmy le gouffre de Trieste et arrivay à Fryol, à une petite riverette d'eaue doulce, où je arrivay à deux lieues près de Montflascon qui est terre ferme; de là à Cimdal par terre, où je achetay des chevaux et vins au long du païs de Fryol jusques aux Allemaignes, et passay les mons à Nazareth, au païs du duc Sigismond d'Ostrice, passay par Memingue, par Olme qui est sur la Dunoe, par Spierre sur le Rin, par Mayence, etc. Coulongne et par Brabant.

Item, l'an cincquante, qui fut l'an de la jubilée, je fus aux grans pardons à Romme, etc. 1450

Cy finent les voyaiges que fist Messire Guillebert de Lannoy, Chevalier de la Toison d'or, en son temps Seigneur de Santes, de Willerval, de Tronchiennes, de Beaumont et de Wahégnies.

GLOSSAIRE.

Abeuvrez, **abreuvez**, abreuvé, arrosé.
Abril, abri, couvert.
Ainchois, aussitôt, avant que, d'abord, au contraire.
Amont, **en amont**, en montant, en haut.
Angèle, ange.
Anoy, ennui, chagrin.
Aournement, ornement.
Ardoir, **ardre**, brûler, incendier, ars, brûlé.
Armée, ordinairement dans le sens de campagne, expédition.
Armeurière, arsenal, magasin d'armes.
Aucques, aucun, quelqu'un.

Bacho, chair de porc, lard; en bas latin *baco*.
Bagues, effets, bagages.
Balsme, baume; de *balsamum*.
Beslongue, **Beslong**, oblong, inégal en diamètre.
Bolverques, du flamand *bolwerk*. Plusieurs mots allemands ou flamands ont passé dans le langage militaire.
Bos, bois, **bos de sapins**, bois de sapins.
Botequin, petite chaloupe; du vieux flamand *botekin*.
Botte, tonneau; *nef de deux cens bottes*, vaisseau de deux cents tonneaux.
Bouter, mettre, placer, pousser.
Bougherie, crime de sodomie.
Bourchgrave, mot allemand et flamand, *burggraef;* il se traduit par vicomte.
Brache, **brace**, brasse, mesure de six pieds.
Braie, boue, terre grasse qui, mêlée de paille, sert à faire du mortier.
Braye, voyez **braie**.
Buffier, **de buffier**, maltraiter, frapper souffleter.

Carpentaige, charpente.
Cassal, **cassaulz**, manoir, habitation, ferme, hameau.
Charreton, charretier, celui qui conduit une voiture.
Chivade [p. 20.] apparemment la même chose que *cive*, la civette, petite ciboule.
Clocquier, clocher.
Cloye, cloison, claie.
Cocatrice, **cocatrix**, crocodile.
Coffin, petit panier, corbeille, en bas latin *cofinus*.
Cop, coup, *beaucop*, beaucoup.
Cornière, du coin; **une tour cornière**, la tour qui fait l'angle.
Costier, **costyer**, cotyer, suivre.
Coulliart, machine de guerre qui servait à lancer des projectiles.
Coullu, animal non coupé; **cheval coullu**, cheval entier.
Coulpe, faute, imprudence; de *culpa*.
Couraques, animal marin [p. 36].
Créance, créance, aussi croyance, religion.
Cremeu, qui se fait craindre.
Cremeur, crainte, appréhension.
Croye, craie.
Cruchon, **cruschon**, croissance.
Crueusement, cruellement; de *crudeliter*. Dans la phrase « nous reboutèrent très-hideusement et très-crueusement, » on pourrait songer à une dérivation du latin *cruor*.

Cuider, penser, croire, être d'avis. **Cuida**, il pensa.
Cuirié, garni de cuir.

Debuffier, souffleter, maltraiter.
Defers, divers.
Defrocquié, dépouillé, ruiné.
Defroyans, **defroyer**, rompre, briser.
Délitant, agréable, qui plait; **fruits délitans**, fruits délicieux.
Desconfire, détruire, défaire entièrement.
Désemparé, abandonné, dégarni, qui n'est pas fortifié; **un chastel désemparé**, une forteresse dégarnie.
Dextre, droite, la main dextre, la main droite.
Dicques, digues.
Doel, deuil.
Doune, dune, colline sablonneuse; en flamand *duin*.

Embler, voler, prendre, enlever.
Emmy, entre, parmi.
Emprés, tout près.
Emprins, j'entrepris; de **emprendre**, entreprendre.
Endementiers, pendant que, dans l'intervalle.
Engien, machine de guerre, instrument.
Enseigne, marque, indication.
Esbatre, s'amuser, se récréer.
Eschasson, eschançon.
Espessement, épaissement, grandement, largement.
Estarco (59).
Estoupa, **estouper**, boucher, fermer, clore.
Estrain, chaume, paille.

Fain, foin.
Fais, ouvrage, structure.
Fault, de faillir, manquer, finir, cesser.
Fermeté, rempart, fortification, enceinte.
Finer, trouver, finir. Le mot a encore une foule d'autres significations.
Flun, fleuve, rivière; de *flumen*.
Fontèques, expression qui désigne en Orient, les habitations et les boutiques des Européens.
Foraines, étranger; **rues foraines**, rues écartées, détournées; de *foras*.
Foresteux, **foresteuse**, boisé. Endroit rempli de bois.
Forment, fortement, grandement, beaucoup.
Fortunal, inconstant; **vents fortunaux**, vents furieux, orageux.
Fouellu, touffu.
Fourcommander, usurper.
Fric, **un chapeau fric**, apparemment la même chose que *frisque*, un chapeau mignon.
Frisque, agréable, mignon, alerte.
Fuison, foison, grande quantité, abondance.

Gallée, galère, vaisseau dont les bords sont plats.
Gardin, jardin.
Germe, espèce de bateau.
Greil, gril, grille.
Grippené, ou grip; de *gryphus*, petit bateau qui, d'après Roquefort, avait de la ressemblance avec nos brigantins.

Haghenée, haquenée.
Hault-Maistre, grand-maitre.
Hayneur, celui qui hait.
Hellent, nom allemand, de l'élan, *elend, elendthier;* en flamand *eland.*
Hulcque, *hulque*, du vieux flamand *hulcke*, qui est encore en usage. Il signifie bateau marchand, bateau de transport. Dans le dictionnaire de Kilian le mot est traduit par : *navis oneraria, frumentaria, navigium latum vastumque.*
Huvette, diminutif de *huve*, coiffure de femme, du vieux flamand *huve*. Hécart, dans le *dictionnaire Rouchi*, donne une description détaillée de l'huvette.

Illecq, *ilecques, illec,* ici, en cet endroit. Le mot a quelquefois encore d'autres significations.

Jus, à bas, à terre. **Ruer jus**, jeter par terre.

Keucelle, lingot, or ou argent en masse, qui n'est pas mis en œuvre.

Laigne, bois de *lignum*.

Lez, les. Comme adverbe, il signifie tout proche, auprès; comme substantif, bord, côté. Lez d'une rivière, bords d'une rivière.
Lignaigne, lignage, parenté, lignée, etc.
Loyer, lier, attacher.

Mains, moins, *mainsque plus*, plutôt moins que plus.
Marine, la mer.
Marrien, bois et autres matériaux propres à bâtir.
Maronnier, matelot, marinier, homme de mer.
Mescréans, les infidèles; de *male credere*.
Meseax, voyez *mesel*.
Mesel, mesiau, mesiaux, lépreux.
Mestier, besoin, nécessité; quand il en est mestier, quand il en est besoin.
Meuterie, émeute.
Mouffle, gros gant dont les doigts ne sont pas séparés, manchon; en flamand *moeffel*.
Moustier, monastère, couvent, église; *monasterium*.
Mucher, cacher, couvrir, ensevelir.
Murdrir, tuer, blesser, égorger.

Nave, barque, nacelle; du latin *navis*.
Navrer, blesser grièvement; on dit encore au figuré : navré de douleur.

Occire, tuer; du latin *occidere*.
Ost, armée, camp.
Ostoir, autour, oiseau de proie; en latin *astur, ostorius*.
Ou, au, l'article au datif, *ou seigneur*, au seigneur; ou, adverbe, au, dans le; *ou royaume*, dans le royaume.
Ourof, bœuf sauvage, uros. Cet animal se trouvait anciennement dans presque toute l'Europe; aujourd'hui il disparaît partout. On se rappelle que l'empereur de Russie a porté en 1835, un ukase par lequel il défend de tuer ceux qui se trouvent encore dans ses états, afin d'empêcher que cette race d'animaux ne s'éteigne entièrement.

Paour, peur, frayeur.
Parfont, profond, vaste.
Part, de *parer*, séparer, servir de limite.
Pauche, pouce, mesure.
Pellaige, endroit où l'on peut aborder, amarrer les vaisseaux. De là le nom est employé pour désigner un droit seigneurial, qui se payait pour l'attache des bateaux.
Peul, [p. 118] pieu. Roquefort a le mot *peus*, dans une signification à peu près semblable.
Perechoir, perchoir, voir, apercevoir, remarquer; perchoit-on, aperçoit-on.
Plenté, abondance, plénitude.
Ployeur, substantif dérivé de *ployer*, plier; celui qui plie sour le poids, homme de peine.
Poient, pouvaient; de *pooir*, pouvoir.
Point, être en point, être bien mis, bien monté.
Portelette, diminutif de porte, petite porte.
Pou, peu.
Pourchasser, solliciter, travailler avec ardeur.
Probaticque, la piscine probacticque, la piscine près du temple à Jérusalem.
Provision. Ce mot signifie ordinairement prévoyance; mais dans l'expression d'*office des divines provisions*, il indique l'administration de la partie spirituelle de la maison du duc de Bourgogne. Le nom de *provoir* donné à un prêtre, comme on le voit dans Roquefort, vient peut être de *pourvoir*; celui qui était pourvu d'un bénéfice, d'une charge.

Quant, quantes, combien, quel nombre, autant que.
Quauques, du latin *qualiscumque*, quels qu'ils soient, gens de la même espèce.
Quesque. Ce mot paraît employé pour désigner un caillou [p. 94]. Les mots *quex*, *queux* signifiaient pierre à aiguiser. Dans le *dictionnaire Rouchi* de Hécart, on trouve *keuche*, *kuèche* dans la même signification.
Quesne, chêne, arbre; *quercus*.
Queurt, court; de querir, courir.
Queux, cuisinier, maître-d'hôtel.

Rade, raide, dur.
Rebouter, repousser.
Reise, expédition, voyage; du flamand *reis*.
Repust, se cacha; **repus**, caché.
Rese, voyez **reise**.
Retraire, retirer.
Rieule, règle, principe.
Robeur, voleur.

Sartèrent, de sarter, déplanter, arracher.
Saulté, *sauleté*; du latin *saturitas*.
Sauvegines, bêtes sauvages.
Savelonneux, sablonneux.
Sebelin, **sebeline**, marte zibeline; *zibelinus*.
Senestre, gauche; du latin *sinistra*. Le mot sinistre en a été conservé au figuré.
Sieuce, sauce; **scieuce de bacon**; sauce faite avec de la viande de porc.
Silvestre, sauvage, des bois; **miel de silvestre**, miel des bois.
Sledes, **slede**, traineau; en flamand *slede*, en anglais *sled*, en danois *slada*, en irlandais *slede*. Le mot était également usité en russe.
Soubi, en langage du nord *szuba*, pelisse richement couverte. Le texte en donne l'explication [p. 37].
Souloient, avaient coutume; de **soloir**, *solere*.
Sourdre, sortir, lever, jaillir; de *surgere*.
Sourgeon, fontaine, source.
Sourgissoir, arrivage, abordage.
Sourgent, de **sourdre**: voyez ce mot; *sourgent* est le latin *surgunt*.
Spichult, bonnet pointu, conique, presqu'en forme de thiare.
Strang, mot emprunté aux langues germaniques pour désigner la côte d'un pays. On dit *strand*, en allemand, en flamand, en anglais, en suédois et en danois.

Targe, bouclier.
Tartre, tartare.
Tayon, aïeul, grand'père.
Tordu, de **tordre**, se détourner, tourner de travers.
Toudis, toujours, *tota dies*. Le mot est encore en usage dans nos provinces wallonnes.
Torse, torche.
Tourette, petite tour.
Tournoyer, tourner.
Trau, trou, antre.
Tresse, entraves, chaînes.

Vergondé, de **vergonder**, couvrir de honte, déshonorer.
Vergogneux, honteux, qui a de la pudeur.
Vergognier, la même chose que **vergonder**: voyez ce mot.
Vireton, petit trait d'arbalète, petite flèche.

Wesel, notre voyageur [p. 26] désigne ainsi un animal de la grandeur d'un cheval. Cependant les Allemands donnent le nom de *wiesel* et les Flamands celui de *wezel*, à la belette.
Wider, vuider, wider d'un pays, quitter un pays.
Winnoude, voievoda, dignité équivalant à celle de duc. On donnait ce titre aux princes de Moscovie et de Valachie, et aux sénateurs du 1.er rang, en Pologne.

Yaue, eau.
Yssirent, sortissent; de *yssir*, sortir.

EXPLICATION

DE QUELQUES NOMS GÉOGRAPHIQUES.

Actérie, *Assyrie*, vaste contrée de l'Asie.

Aldenhoux ou *Arvenhoux*, *Althaus*, château en Prusse dans la province de Culm, érigé en 1238.

Alkakime (la tour de l') en Espagne, dans le royaume de Grenade.

Altentbourg, *Altenburg*. Il y a un grand nombre de localités qui portent ce nom; mais notre voyageur désigne Altenburg en Hongrie, à l'embouchure de la Leitha.

Andiche, en Espagne, dans le royaume de Grenade.

Andreston, *Saint-André*, ville d'Ecosse, chef-lieu de la province de Fise; anciennement elle était la capitale de l'Ecosse.

Anticaire, *Antequerra*, ville d'Espagne, au royaume de Grenade.

Archidonne, *Archidona*, petite ville d'Espagne, dans l'Andalousie.

Armignas, *les Armagnacs*. Le parti de la maison d'Orléans.

Arvenhoux, voyez *Aldenhoux*.

Aza, en Espagne, dans le royaume de Grenade, bourg de la province de Ségovie, sur la Riaza.

Babilonne, *Babilone*, ancienne capitale de tout l'Orient, sur l'Euphrate. — Il y avait en Egypte une autre Babilone, tout près du Caire, dont elle forme le faubourg. C'est ce qui a fait croire à plusieurs voyageurs que le Caire était bâti sur les ruines de la célèbre Babilone.

Bachkarth, *Bacharach*, petite ville de la Prusse, sur la rive gauche du Rhin, à huit lieues de Coblence. Elle est très-ancienne; on fait dériver son nom d'un autel consacré à Bacchus, qu'on y a déterré (*Bacchi ara.*)

Bart, ville de Poméranie.

Béhaigne, *Bohême*.

Belfz, pour *Belsz*, *Belz*, duché russe faisant partie de la Russie rouge. Cette ville était donnée en fief ou en apanage aux ducs de Mazovie de la branche de Plotzk, par égard pour la femme du duc, qui était sœur du roi Jagellon, et pour calmer les plaintes et les prétentions des ducs qui héritaient de toute la Russie rouge avant son incorporation à la couronne, en 1340.

Bellegard, *Bialigrod*, voyez *Mancastre*.

Bervich, *Berwick*, ville d'Angleterre, sur la Tweed, dans le comté de Northumberland.

Boudes, *Buda*, *Bude* ou *Offen*, capitale de la Hongrie.

Bourg-de-Dieu, *Bourg-Dieu*, ou *Bourg-Déols*, petite ville du Bas-Berry, à douze lieues de Bourges.

Brandemburg, ville de Prusse, fondée en 1362, sur le Frischhaff, en Natangie. Elle ne doit pas être confondue avec d'autres villes du même nom.

Brausolen, *Bornholm*, île.

Bresseloeu, *Breslau*, *Vroclau*, *Vratislavia*, ville principale de Silésie située sur l'Oder.

Brighe, *Brzeg*, *Brieg*, ville et duché de Silésie, située sur l'Oder.

Broucholem, voyez *Brausolen*.

Broudeeshaves, *Brouwershaven*, en Zélande. La patrie du poète Cats.

Bruck, en Hongrie, sur la Leitha. Il y a plusieurs autres villes de ce nom.

Caffa, ville et port de la Krimée appartenant alors à la république de Gênes.
Cagnette, en Espagne, dans le royaume de Grenade.
Callaiz, *Kalisz*, ville de la grande Pologne.
Cando, *Canda*, *Conda*, *Condau*, petite ville en Courlande, sur la rivière d'Aban.
Canin, *Camin*, ville et évêché de Poméranie, à l'embouchure de l'Oder.
Carliel, *Carlisle*, ville d'Angleterre au comté de Cumberland.
Cataigne, *Catane*, très-ancienne et très-grande ville de la Sicile.
Caune, *Kowno*, en Lithuanie, *Kauno*, ville située sur le Niémen.
Cestre, *Chestre*, grande ville d'Angleterre.
Chifelonie, *Céfalonie*, la plus grande des îles Ioniques.
Cocquenhouse, *Kockenhausen*, ville de Livonie, située sur la Duna.
Cokene, *Kioge*, ville et port de Séland.
Columiene, *Culm*, en polonais *Chetmno*, en latin *Culmina*, ville de Prusse, sur la Vistule, fondée en 1223.
Conneztré, pour *Conventré*, aujourd'hui *Conventry* ou *Coventry*, grande ville d'Angleterre dans le Warwickshire.
Coirelant, la *Courlande*, *Kurlande*. Les habitants, Cars, Cors, Curons, sont de la race Lettone, subjugués par les chevaliers porte-glaive.
Corres, les habitants de la Courlande, appelés *Cars*, *Cors*, *Curones*.
Cozial, en Moldavie. Il y a sur la Niestre entre Uschitza et Mohileu, un lieu nommé Kozlov, ce qui est analogue, mais sa position est en Podalie, au nord de la Niestre, sur les confins de la Moldavie. Sur des cartes anciennes on trouve à l'endroit indiqué par De Lannoy, *Capriana*, qui pourrait bien être Cozial, car ce mot signifie dans tous les dialectes slavons *bouc*, *capra*.
Cyflonie, *Céphalonie*, grande île de la Grèce.
Cyppre, l'île de Chypre.

Damiette, ancienne et célèbre ville d'Égypte.
Dancastre, *Duncastre* ou *Doncastre*, petite ville du duché de Yorck en Angleterre, sur le Dun.
Danemarche, *Danemark*.
Danzike, *Dantzik*, *Danzicque* (Gedania), ville hanséatique, à l'embouchure de la Vistule.
Dimmebourg, *Duneburg*, ville de la Livonie, sur la Dwina ou Duna.
Don, *Dun*, petite rivière d'Angleterre. Elle naît dans le comté de Derby et se jette dans l'Umber.
Donfriez, *Domfries*, *Donfrees*, capitale d'un comté de ce nom en Écosse.
Donnelun, apparemment *Donluce*, château de l'Ultonie, en Irlande, sur la côte septentrionale, à l'embouchure de la rivière de Burch.
Doubar, lisez *Donbar*, *Dunbar*, *Dumbar*, ville d'Ecosse dans la province de Lothian.
Dracul, *Drago*, dans l'île d'Amag.
Drapt, *Derpt*, *Dorpat*, ville bâtie en 1030 par les Russes.
Drobastre, rivière d'Angleterre. De Lannoy semble donner ce nom à la Dune près de laquelle se trouve la ville de Chestre.
Dune, le fort de *Dunemonde* à l'embouchure de la rivière de Dune, où elle se jette dans la mer Baltique. Duna, Dwina.
Dunouve, le *Danube*, fleuve.

Eestes, les Estoniens, habitants de l'Estone.
Elebough, sur les cartes *Ellebogen* ou *Elfsbourg*, château fortifié de Suède, près de la mer, dans la West-Gothie, ou plutôt Hillaybye en Zélande.
Elsengueule, *Elsenor*, en latin *Helsingora* ville très-commerçante du Danemarck sur le Sund, dans l'île de Séland, vis-à-vis de Helsingborg.
Elzmorule, village et port, dont il est difficile de déterminer la situation.
Escaigne (*l'*), en Danemarck. Ce nom ne paraît pas indiquer *Sclange* en Séland.
Écluse, l'*Écluse*, petite ville de la Flandre zélandaise; son port était autrefois très-célèbre.
Estaudun, *Issoudun*, ville de France, dans le Berry.

Falmude, *Falmouth*, port célèbre d'Angleterre.

Gadres, *Gades*, ville de la Palestine.

Gallipoly, *Gallipoli*, ville de Turquie dans la Romélie, sur le détroit des Dardanelles.

Genenois, ceux de la république de Gênes, qui fesait un commerce très-considérable sur la mer Noire, et avait des possessions en Krimée.

Génevois, lisez et voyez *Genenois*.

Gennes, la ville de *Gênes* en Italie.

Gore, peut-être *Gori*, fort de la Turquie d'Asie, dans la Georgie. Cependant De Lannoy indique Gore comme étant une île.

Gripsuole, *Gripswalde*, ville de la Poméranie.

Guldinghe, *Goldingen* ou *Golding*, une des villes principales de la Courlande, sur la rivière Vindau.

Gurbin, *Grebin*, *Grobin*, *Grubin*, château et ville de Courlande, près de Lipau.

Gusteland, *Jutland*, province de Danemark.

Haf, le *Frische-Haf*, en Suède.

Hantonne, *Southampton*, port d'Angleterre, autrefois très-florissant.

Harfleu, *Harfleur*, en Normandie. Port de mer très-connu surtout pendant le moyen-âge.

Helsembourg, *Helsinbourg*, ville de Suède, dans la Scanie.

Hermines, les Arméniens, Ormianiens.

Hongrie, royaume entre les Karpates et le Danube.

Hora, en Espagne, dans le royaume de Grenade.

Houlz, *Hull*, ville forte et commerçante d'Angleterre dans le Yorckshire, sur une rivière du même nom.

Hous, *Hull*, rivière d'Angleterre; voyez *Houlz*.

Huntidon, *Huntigdon*, comté d'Angleterre, dont la capitale qui porte le même nom a vu naître Cromwell.

Jeumont ou *Jumont*, village du Hainaut, non loin de Maubeuge, aujourd'hui dans le département du Nord.

Kamenick, *Kemenich*. De Lannoy donne ce nom à deux villes différentes; à Krzemieniec, ville de Volynie, et Kamieniec, ville de Podalie.

Keuncizeberghe, *Keuniczebergue*, ville fondée en 1260, appelée au XIV.e siècle Koningsberg (Krotevietz), en l'honneur du roi de Bohême, Jean de Luxembourg, allié des chevaliers teutoniques.

Kinsenberg, peut-être *Koeningshagen*. Cette localité, d'après le récit de notre auteur, doit être situé en Prusse, entre Mariembourg et Brandebourg.

Lange, (île de) Scio, Chios?

Létau, *Létaoeu*, *Lithuanie*, appelée dans son propre idiôme Letauvneks, Letovnikas. La partie haute de la Lithuanie, appelée en idiôme du pays Aukstété, est située à l'est de la Samogitie, entre la Prusse et la Courlande. A l'époque du voyage de De Lannoy elle allait se réunir à la Pologne par le mariage de son duc Jagellon avec la reine de Pologne Hedwige d'Anjou; cependant elle avait des ducs gouverneurs. Sa domination s'étendait au loin sur les Russes et même sur les Tartares.

Lichtfeld, *Lichfield*, ville d'Angleterre au Straffordshire.

Limeux, village de France dans l'ancien Bas-Berry, à trois lieues d'Issoudun.

Live, *Liebe*, rivière sur laquelle est située la ville de Live. Cependant De Lannoy donne ailleurs le nom de Live à la Dzvina.

Live, *Liba*, *Libava*, ou *Libau*, ville et port de la Courlande sur la Baltique, près de l'embouchure de la Live.

Lives, les habitants de la Livonie, en flamand *Lieven*.

Liuflant et *Liufflant*, la *Livonie* en flamand *Lyfland*, pays au nord de Dzuina conquis par plusieurs évêques allemands et les chevaliers porte-glaive.

Loches, au lieu de Lotes, Letes, Létons, Lotiches, peuple appelé Letgales, parce qu'ils étaient les derniers de la race Létone. Voyez la signification *gala* au mot *Zamegaelz*.

Lombourg, Lemberg, Luov en polonais et en russe, capitale de la Russie Rouge.

Lopodolye, la *Podolie*, grande province située tout le long du Niestre, au nord. En 1411, le roi Jagellon par faiblesse pour son frère germain Vitold, duc de Lithuanie, lui donna le gouvernement de cette province, contre la volonté du sénat et des diètes. Vitold la conserva jusqu'à sa mort arrivée en 1430. Alors les Polonais se sont emparés de cette province et ne permirent plus aux Lithuaniens de la posséder.

Lubeke, *Lubeque*, capitale des villes Hanséatiques.

Maiour, nom de la mer que les Italiens ont appelé la mer Noire.

Mancastre, *Moncastre*, sur la mer Noire à l'embouchure du Niestre, ville et port important pour le commerce des Italiens, appelée Bialigrod par les habitants, plus tard Akerman par les Turks.

Marbre (île de) *Mongo*, *Amory*. C'est sans doute l'île de Paros dans l'Archipel.

Mariembourg, *Marienbourg*, *Marienburg*, *Malborg*, place forte de la Prusse actuelle, sur le bras oriental de la Vistule, appelé le Nogat. C'était l'ancienne capitale de l'Ordre Teutonique. Elle existait déjà en 1302.

Masoeu, *Masou*, la *Masovie*, ancien duché enclavé aujourd'hui dans la Pologne.

Meclembourg, duché d'Allemagne.

Melunghe, ce nom ne se trouve pas en Prusse, c'est sans doute une erreur. Peut-être faut-il lire Elbinghe, Elbing, Elblong, qui se trouve sur le chemin. Ou bien est-ce Moeringen, à peu de distance de Marienbourg.

Memmel, dans l'ancienne Lithuanie, avec un port célèbre sur la Baltique. Cette ville qui est aujourd'hui le chef-lieu de la province de Memmel, appartient à la Prusse.

Mezonde ou *Mesonde*. De Lannoy semble désigner sous ce nom une partie du Mecklembourg, ou bien il y a une erreur du copiste qui aurait dû écrire partout *Stralsonde*; alors ce serait Stralsund, ville de Poméranie.

Moede, *Moende*, rivière. On pourrait croire que De Lannoy donne ce nom à la Mnoga qui tombe dans la Vélika ; cependant comme il raconte qu'il alla sur les glaces de cette rivière, à Dorpat, il faut croire qu'il veut désigner ici l'Embek, appelée dans la langue live *Emma-ioggi*.

Moeusco, roi de Moscovie, voyez *Musco*.

Moldavie, province au midi du Niestre, entre les Karpates et la mer noire, possédée par les Valaches qui avaient un prince vassal de la Pologne.

Moncourt, en Espagne, dans le royaume de Grenade.

Montécrist, ancien nom de l'île de Négrepont.

Montflascon, *Monte falcone*, (*Veruca*), petite ville d'Italie dans le Frioul.

Musco, grand duché au tzarat de Moskovie, dont la capitale était Moskua; tzar en slavon signifie roi.

Narowe, ville et rivière en Danemarck. La ville a été bâtie en 1223 par le roi Valdemar.

Nastewede, *Nestwed*, ville en Séland.

Neppre, *Niepre*, *Dniepre*, ancien Borysthènes, fleuve qui se jette dans la mer Noire.

Nestre, fleuve, *Niestre* ou *Dniestre*. Il tombe dans la mer Noire, c'est le Tyras des anciens.

Nichosye, capitale de l'île de Chypre, en Asie.

Noegarde, *Novogrod*, *Novogorod-la-Grande*, ancienne république de la Russie, dont la capitale comptait 200,000 habitants et 70 églises existant pour la plupart encore sur les ruines de cette ville immense, aujourd'hui réduite à 7,000 habitants.

Norweghe, *Norvège*.

Nyeuslot, *Nyslot*, *Neuschlosz*, château situé dans l'ancien canton de Sirenk, au bord du lac Peypus, à l'endroit où la Nareu en sort.

Osteriche, *Autriche*.

Oysemmy, les forêts ou déserts *Oziminy*, entre Sambor et Drohobyet dans la Russie-Rouge, ou Gallicie. Diugon dit que Jagellon allant de Krakovie, passait par Sandeez; or ces Oziminy se trouvent sur le chemin qui conduit de Sandeez à Ilaliez, d'où la Gallicie a tiré son nom.

Pacachou, *Pachsu*, petite île la mer Ionnienne, au sud de l'île de Corfou.

Parence, *Parenzo*, petite ville d'Italie, dans l'Istrie, sur le golfe de Venise.

Perée, *Pera*, faubourg de Constantinople.

Plesco, rivière, *Pskova;* elle coule de l'est à l'ouest et tombe dans le lac avec la Velika.

Plesco, *Pleskou*, *Pskou*, ville russe située sur la rivière de ce nom. Elle comptait autrefois plus de 100,000 habitants, aujourd'hui sa population est réduite à 10,000. C'était la capitale d'une province de ce nom.

Polleur, ce mot est certainement estropié. L'écrivain contemporain Diugon n'a fait aucune mention de l'expédition dont De Lannoy faisait partie.

Pomer, *Pomere*, *Poméranie*, duché divisé en plusieurs branches.

Posur, château sur le Memmel ou Niemen à cinq lieues De Troki, selon de Lannoy; c'est une erreur, le Niemen est éloignée de Troki de plus de dix lieues; au lieu de cinq il vaudrait mieux lire quinze lieues.

Poulane, la *Pologne*.

Prages, *Praghes*, *Prague*, capitale du royaume de Bohême.

Preués pour *Perués*, *Perwez*, le seigneur de Perwez, le célèbre mambour de Liége.

Prusse. A l'époque des voyages de De Lannoy elle appartenait aux chevaliers Teutoniques qui en avaient fait la conquête.

Prussy, la *Prusse*, voyez ce mot.

Rainstede, *Ringsted*, ville de Séland.

Rames, aujourd'hui *Rama* ou *Ramla*, ville ruinée de la Turquie d'Asie.

Ranghenyt, *Ragneta*, ville de la Prusse dans la province de Slavonie, fondée en 1253.

Reyghezebourg, aujourd'hui *Regensburg*, Ratisbonne, ville épiscopale de Bavière.

Rieu. De Lannoy donne ce nom à la Leitha, rivière de Hongrie, sur laquelle se trouvent les villes de Bruck et de Altenburg.

Righe, *Riga*, ancien archevêché, chef-lieu de la Livonie, au bord de la Duna ou Dzuina, a reçu son nom d'une petite rivière sur laquelle elle est située. Elle a été bâtie par les Allemands et par les archevêques, qui s'y établirent au XII.e siècle.

Ritristede, dans l'île de Séland. Je n'ai pas retrouvé cette localité.

Ronde, *Ronda* ou *Arunda*, ville d'Espagne au royaume de Grenade.

Roschilt, aujourd'hui *Roskild* ou *Roschild*, ancienne capitale de l'île de Séland.

Rostok, ville de Mecklenbourg.

Sadonnen, en Russie, évidemment estropié pour Sandomir, ville de la petite Pologne, située sur la Vistule, non loin des frontières de la Russie-Rouge.

Saine, Saine-la-vieille, Siene, Siena, ville de Toscane.

Sammette, *Samogitie*, province de la Pologne, en polonais Zmudz, Zmuidk, en lithuanien Zamaïtis, Jamaïtis, ce qui signifie pays bas, terre basse; en opposition de la Lithuanie proprement dite qui s'appelait en langue du pays Auksteia, terre élevée, pays en haut. La Samogitie est au sud de la Courlande, au nord de la Prusse.

Sarrasins, nom pris en général pour désigner les infidèles, tant ceux du nord de l'Europe que ceux de l'Asie.

Satanil, en Espagne, dans le royaume de Grenade.

Scoene, aujourd'hui *Schoonen* (Scania), province de Suède, dans laquelle il y a une ville du même nom. Elle a également donné le nom de Scoene à la mer qui en baigne les côtes.

Sebile, *Séville*, capitale de l'Andalousie.

Sibile, voyez *Sebile*.

Sleisie, *Silésie*.

Snaydenech lisez *Suaydenech*, *Suidnica*, *Schaidnitz*, ville et duché de Silésie.

Sonet, le détroit du *Sund*.

Strang, *Sange*, rivière qui se jette dans le Niemen; elle donna le nom aux forêts, ou déserts des côtes de la Baltique.

Tartres, *Tatares*, Mahométants colonisés

dans la Lituanie par le duc Vitold, des prisonniers de guerre et des mécontents de la horde de Kaptchak qui cherchaient un asile; dans l'union définitive de la Lituanie avec la Pologne de 1569, ils obtinrent le droit de citoyens dans la république.

Ternacle, ancien nom de la Sicile, du latin Trinacria.

Thénédon, Ténédos, île de l'Asie.

Thinemuda, Tinnemouth, ville d'Angleterre au comté de Northumberland.

Thouy, rivière d'Angleterre, la Tweed, sur laquelle se trouve la ville de Bewick. Il y a dans le pays de Galles une rivière qui s'appelle Touy.

Thore, Thorn, Torun, Torunia, ville de Prusse sur la Vistule, fondée en 1235.

Traco, lisez *Craco, Krakovie*, capitale de la Pologne, sur la Vistule.

Tranquenne, Troki, seconde ville de la Lituanie.

Tzaemegaelzara, la rivière Duina ou Duna auquel notre voyageur donne le nom du peuple qui habitait les bords; quelquefois encore il donne à la Duina le nom de Live.

Tzamegaelz, les *Semigalliens*, habitants de la Sémigale; voyez Zamegaelz.

Vaeltrenone, en Suède, sur le Sund.

Wauwembourg, Frauenburg, Vrauwenburg, ville fondée en 1279 en Hokerland ou Poméranie, ancienne province de la Prusse.

Weden, apparemment l'île du Sond, qui, sur la carte de l'ouvrage de Mallet sur le Danemarck, porte le nom de Wen, et dans celle de l'histoire de Des Roches, celui de Huen.

Weldemar, Wolmar, en latin Woldemaria, sur l'Aa, bâtie en 1283, et appelée de ce nom en commémoration de la victoire que le roi de Danemarck y avait remportée sur les payens, soixante ans auparavant.

Werdinghebourg, Wardingburg, Wordinbourg, Warmenbourg, dans l'île de Zéland, d'après la carte de Des Roches, *Histoire du Danemarck*.

Wick, voyez *Wit*.

Wildimar, voyez *Weldemar*.

Wilne, Vilno, capitale de la Lituanie, résidence des ducs, située au confluent de la Vilenka et de la Vilia.

Winde, Wenden, en polonais et en lette Kiesia, ville bâtie en 1215, en Livonie, résidence du grand-maître des chevaliers Teutoniques.

Wissemar, Wismar, ville de Mecklenbourg, sur la mer Baltique.

Wisten, Wittenstein ou Wessenstein, ville dont le château a été bâti en 1270.

Wit, l'île de *Wight*, dans la Manche.

Wolosco, rivière, Volkou.

Wotilgast, Wolgast, ville de la Poméranie dont elle était la capitale. Elle a eu des ducs particuliers. Voyez l'Art de vérifier les dates, t. XVI, p. 351.

Wougast, Wolgast, ville ducale de la Poméranie; voyez *Wotilgast*.

Zamegaelz, Semigale, pays à l'est de la Courlande, le long de la Dzuina; postérieurement il a fait partie du duché de Courlande, et sa capitale Mittau devint la résidence des ducs. Semi-galas signifie en idiôme letton, le bout de la terre, *galas*, bout, fin.

Zasseme, pour *Zassene*, la Saxe, en vieux flamand *Zassene* ou *Sassene*.

Zéeland, les îles de la Zélande, province de Hollande.

Zeghevalde, Zeghewalde, ville de Livonie, sur l'Aa, Segewald, Segoald, en *letton* Siggulda.

Zuède, le royaume de *Suède*.

Zont, le détroit du *Sund*.

CARTE ITINÉRAIRE DES VOYAGES DE GUILLEBERT DE LANNOY.
NORWEGE
SUEDE
ROYAUME
MER BALTIQUE
Gotland
Bornholm
ESTONIE
Wenden
Segewalde
Kokenhausen
SEMIGALIA
ZAMAITS
SAMOGITIE
Memel
Dunaburg
POLOTSK
VITEPSK
VILNO
Troki
Kowno
Court le roi
NOGARDE HOLMGARD
NOVOGOROD LA GRANDE
Ilmen
REPUBLIQUE DE NOVOGOROD
Novitorg
Torjek
DUCHÉ DE TVER
MOSKVA
Mosco, Moscusco
Mozaisk
Kaluga
ROYAUME OU TZARAT DE MOSKOVIE
LA GRANDE RUSSIE
SMOLENSK
RUSSIE BLANCHE
BRANSK
NOVOGROD SIEVIERSKI
Minsk
Novogrodek
Slutsk
Tchernigov
GRANDE HORDE KAPTCHAK en dissolution
DUCHÉ DE MEKLEMBURG
Rostock
Danzik
MARIENBURG
Culm
Grunwald
MARGRAVIAT DE BRANDEBOURG
POZEN
BRESLAV
PRAGA
BEHAIGNE
Sandomer
POLOGNE
Lemberg
KIOV
UKRAINE
PODOLIE
LITHUANIE
Plays deserts
Dniepr Fl.
Hord de Nogai
Azov
MER D'AZOV
KRIMÉE
Caffa
Soldaia
MOLDAVIE
Bialogorod
Mancastro
VALACHIE
Danube Fl.
BULGARIA
BOSNIE
SERVIE
TURKS
Strigonie
BUDA
ROYAUME DE HONGRIE
Karpates
MER NOIRE ou MAJEURE
TCHERKESSES
CIRKASSIE
Kaukase

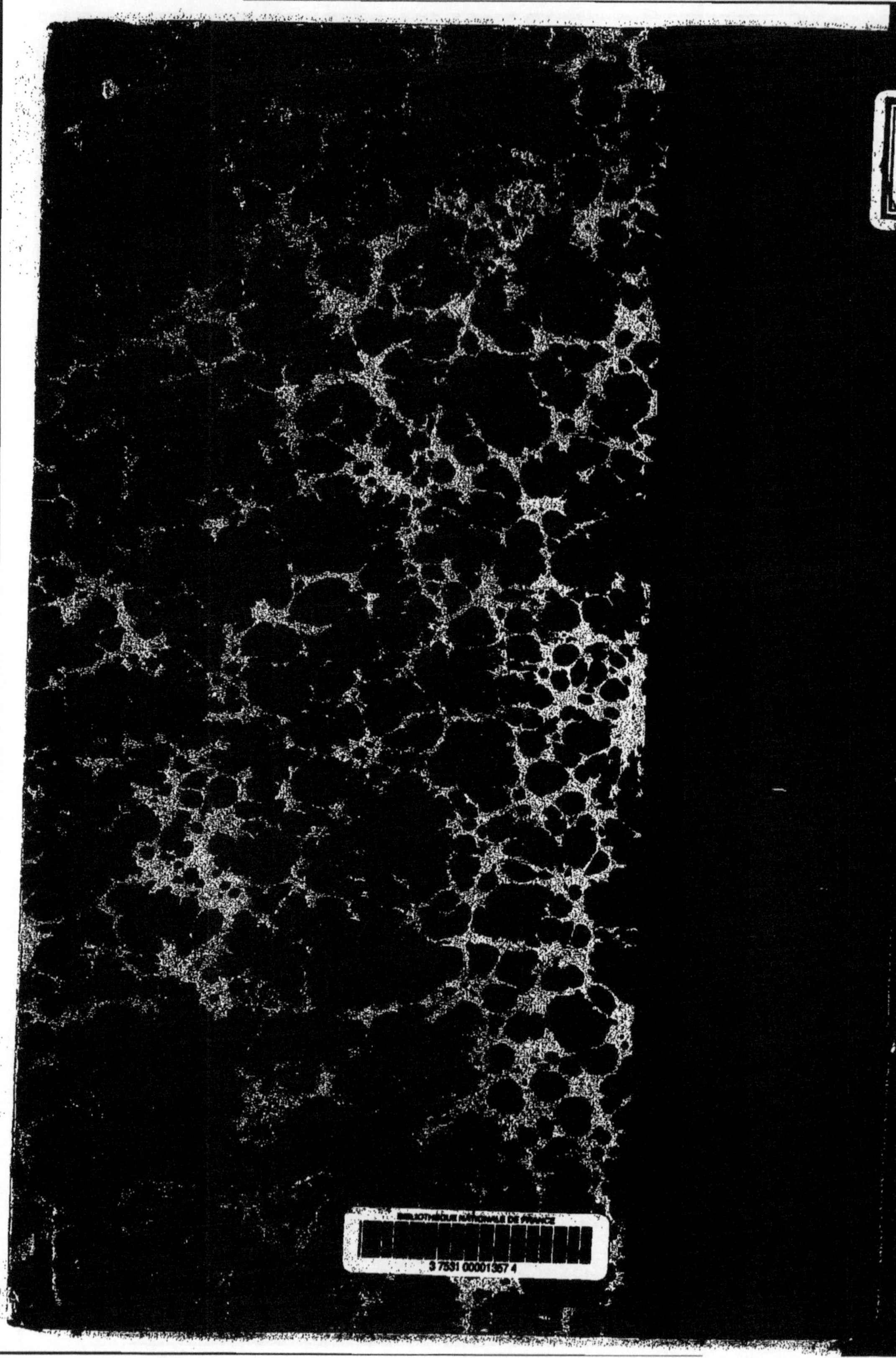
BIBLIOTHEQUE NATIONALE DE FRANCE
3 7531 00001357 4

www.ingramcontent.com/pod-product-compliance
Ingram Content Group UK Ltd.
Pitfield, Milton Keynes, MK11 3LW, UK
UKHW021050200726
13857UKWH00003B/876